新认知科学

从延展心智到具身现象学

The New Science of the Mind

From Extended Mind to Embodied Phenomenology

[美] 马克 · 罗兰兹（Mark Rowlands）_ 著

刘林澍 _ 译

机械工业出版社
CHINA MACHINE PRESS

这部导论性的著作呈现了与经典的笛卡尔心智观相对应的一种全新的心智观，其并未将一切认知活动都框定在颅腔之内。罗兰兹相信，这种全新的心智观将奠定所谓“新认知科学”的基础，它强调心理过程的具身（非神经的身体结构与过程参与构成了心理过程）、嵌入（心理过程在特定环境中运行）、生成（行动是心理过程的构成成分）和延展（外部事物参与构成了心理过程）色彩，其脉络可追溯至胡塞尔、海德格尔、萨特和梅洛－庞蒂等现象学家的观念之中。

图书在版编目（CIP）数据

新认知科学：从延展心智到具身现象学 /（美）马克·罗兰兹（Mark Rowlands）著；刘林澍译. —北京：机械工业出版社，2023.9

书名原文：The New Science of the Mind: From Extended Mind to Embodied Phenomenology

ISBN 978－7－111－73971－5

Ⅰ.①新…　Ⅱ.①马…　②刘…　Ⅲ.①认知科学-研究　Ⅳ.①B842.1

中国国家版本馆 CIP 数据核字（2023）第 187815 号

机械工业出版社（北京市百万庄大街 22 号　邮政编码 100037）

策划编辑：坚喜斌　　责任编辑：坚喜斌　陈　洁

责任校对：王乐廷　张昕妍　韩雪清　　责任印制：李　昂

河北宝昌佳彩印刷有限公司印刷

2024 年 1 月第 1 版第 1 次印刷

160mm×235mm · 20.5 印张 · 3 插页 · 233 千字

标准书号：ISBN 978－7－111－73971－5

定价：88.00 元

电话服务

客服电话：010－88361066

010－88379833

010－68326294

网络服务

机　工　官　网：www. cmpbook. com

机　工　官　博：weibo. com/cmp1952

金　书　网：www. golden-book. com

机工教育服务网：www. cmpedu. com

封底无防伪标均为盗版

献给艾玛（Emma）

前言与致谢

对一部书名中带着“新科学”字眼儿的读物来说，本书其实并没有包含多少“科学”，而那些被选入书中的科学其实也谈不上有多“新”。个中原因是“新科学”的表述既是一种描述，更是一种愿景。我们现在还没有这门“新科学”，至少它还无法对成熟的、经典的认知科学造成冲击。但这个表述抓住了一些有用的东西：从跨学科交流中涌现的一些相互关联的见解，包括认知与发展心理学、情境机器人学和人工智能、知觉心理学、认知神经科学和哲学。其中，哲学扮演的角色是为上述见解的发展提供逻辑/概念的基础。本书就致力于推进这项工作。所以书名或许应该是“心智新科学基础”，但那样就有些拗口了。

本书是面向哲学家与认知科学家的，当然它也适合大众读者——只要他们想了解人们在聊“情境认知”“具身认知”“延展心智”（包括一些更古怪的术语，类似“生成主义”“载具外部主义”“位置外部主义”“架构主义”等）时都在聊些什么。当然面向如此多样化的读者群体，势必会有一种风险，那就是有些人（至少是某些人）在有些时候读到本书中某些章节时会觉得我根本就是在班门弄斧。我已尽力避免这个问题，在那些我能大概预见到这种情况的部分将背景知识专门置于被称为“资料库”的独立板块之中。

我关于具身、嵌入、生成和延展心智的思想受益于过去十多年里与一众有识之士的深入交流，包括弗雷德·亚当斯（Fred Adams）、肯·埃扎瓦（Ken Aizawa）、安迪·克拉克（Andy Clark）、肖恩·加拉格尔（Shaun Gallagher）、理查德·梅纳瑞（Richard Menary）、罗伯特·鲁伯特（Robert Rupert）、约翰·萨顿（John Sutton）和麦克·维勒（Mike Wheeler）。毫无疑问，他们的影子在本书中随处可见。谨在此致以诚挚的感谢！

托尼·切梅罗（Tony Chemero）和麦克·维勒拨冗审阅了初稿并提出了诸多宝贵建议，极大地提升了本书的质量，书中剩余的问题皆可归咎于我自己。

感谢MIT出版社的汤姆·斯通（Tom Stone）推进本书出版立项，感谢马克·洛温塔尔（Marc Lowenthal）和菲利普·拉夫林（Philip Laughlin）的全程跟进。最后，感谢朱迪·费尔德曼（Judy Feldmann）在排校工作中一如既往的精益求精！

目 录

第 4 章 对融合心智的反对

第 5 章 认知的判断标准

第 6 章 所属关系问题

第1章

“拓展心灵”

1

1 心灵的“新科学”

围绕心灵（mind，**本书将根据各领域中文文献的习惯用法，对应不同语境将这一术语译作“心灵”或“心智”**），以及那些同属心智范畴的事物，一种新的思路已渗出象牙塔，在大众头脑中生根发芽。[1]事实上，称其为一种“新思路”并不完全正确，这种思路的历史相当悠久，如今只是以一种新的形式呈现出来罢了。几个世纪以来，它散见于一些离经叛道的哲学家和心理学家的著述之中，只是认知科学的跨学科融合如今又赋予了它新的生命力，并以一种高度一致且抓人眼球的方式从诸如情境机器人学和人工智能（Webb，1994；Brooks，1994；Beer，1995）、知觉心理学（O’Regan & Noë，2001；Noë，2004）、发展心理学与认知心理学的动力学方法（Thelen & Smith，1994）及认知神经科学（Damasio，1994）等领域的最新成果中显现出来。

有些学者（顺带一提，也包括我在内）相信这种新思路将引领我们创建一门关于心智的“新科学”。这门“新科学”将以（至少在某些方面）有别于传统的方式方法研究并解释心理过程。但研究方式与解释方法的区别只是表象，这种区别的背后是一些更为深刻、更为重要的东西。简而言之，我们的“新科学”之所以“新”，就是因为它要对“心智”这一概念做出全新的界定。本书的主题正是这种新界定——不论是否以此创建并完善一门关于心智的“新科学”，都不妨碍我们讨论与评判这种界定。

传统心智研究的根基是这样一个共识：不论我们关注的心理过程——知觉、记忆、思维、推理，诸如此类——具有哪些特性，它 2
们都发生在脑内。这些心理过程要么“等同于”大脑活动，要么由大脑活动“排他”实现（见资料库 1.1）。当然，所谓“传统心智研究”的说法是有点怪。对心智的科学研究历史不过百余年，而且这短短的一个多世纪还见证了多次重大变革：内省主义、格式塔心理学、行为主义……最后是 20 世纪 60 年代早期兴起的认知科学。传统上，认知科学的基调也是：心理过程——特别是认知过程（因为认知过程就是认知科学的研究“权限”）——是由大脑“硬件”运行的抽象“程序”（这一“心智的计算机类比”指导了认知科学的大量早期研究）。因此，认知科学的主要任务就是辨识这些程序（认知心理学）并探索大脑运行这些程序的具体方式（认知神经科学）。持上述观念的传统认知科学可统称为“笛卡尔认知科学”，我们将很快给出具体理由。

“笛卡尔认知科学”涵盖范围极广。认知科学这些年的发展分出了许多不同的路径，比如早年的认知科学家们非常强调“程序”或认知“软件”，认为自己的使命就是为认知过程提供抽象的、形式化的描述。但从 20 世纪 80 年代后期开始，随着联结主义或神经网络方法的兴起，研究的重心就逐渐偏向“硬件”了：人工神经网络在许多方面都可视为对认知过程底层架构的“临摹”[2]，尽管依然是粗线条的（Rumelhart，McClelland & the PDP Research Group，1986）。很难说这两种取向能否相互调和：也许神经网络模型只是关于那些抽象的形式描述如何在大脑中“落地”的实施方案，也可能神经网络的一些特性根本就无法在抽象水平上形式化地描述出来。[3]

我们无须关注这些争论的细节——无论如何，这些观点都属于“笛卡尔认知科学”的范畴，因为它们都有一个假设，这个假设如此简单直接，而且从未被质疑：无论作为抽象的形式过程还是神经网
3 络中的活动模式（或二者兼而有之），心理过程都是在一个思考的有机体（thinking organism）头脑中发生的事。认知过程——认知科学所关注的那些心理过程——发生在有机体内部，因为认知过程说到底就是大脑的运行过程（或是些更为抽象的功能，由大脑的运行过程“排他实现”）。正是这个假设让“笛卡尔认知科学”成其为“笛卡尔的”认知科学。本书致力于驳斥的也正是这个假设。

关于心智的新思路受一系列新观念的启迪，这些观念认为心智并非大脑本身的产物，而是①具身的（embodied）、②嵌入的（embedded）、③生成的（enacted），以及④延展的（extended）过程。肖恩·加拉格尔（Shaun Gallagher）在一次谈话中将它们统称为心灵的“4e 概念”。[4]大体而言，所谓心智是“具身的”，就是说心智部分地由宽泛的（外在于神经系统的）身体的结构与功能构成；所谓心智是

“嵌入的”，就是说心理过程注定只能在主体大脑外的特定环境中运行——离开了合适的“环境脚手架”，心理过程就无法实现其“设计意图”，或者无法充分发挥其“设计水准”；所谓心智是“生成的”，就是说构成心理过程的除神经激活模式外，还有整个有机体的活动——心智部分地由有机体对外部世界的作用（以及外部世界对有机体的反作用）构成；所谓心智是“延展的”，就是说心理过程并非完全位于有机体头脑内部，而是以各种方式向外延展至环境之中。这些描绘其实非常粗略，也不完全准确，但就目前而言够用了。我们将在后续章节中逐一探讨这些观念的细节。

一直以来，这些观念（具身心智、嵌入心智、生成心智与延展心智）都被视为对“笛卡尔认知科学”核心假设——心理过程**等同于**大脑运行过程，或者由大脑运行过程排他实现——的反对（至少是质疑）。但是，这种解读是否准确其实并不清楚。在本章后续部分及第 3 章，我将指出并非 4e 的所有分支都以同样的力度反对“笛卡尔认知科学”。即便可以说它们都反对“笛卡尔认知科学”的核心假设，各个分支的反对方式却大相径庭。若细加追究，我们会发现具身心智、嵌入心智、生成心智与延展心智绝不是什么同义词。事实上，这些理念非但不同，它们中有些甚至不可兼容，而且至少有一个分支由于适用范围受限太过严重，已被认为是“笛卡尔认知科学”的“第五纵队”了。在第 3 章，我们将对这些观念展开一场“整肃”：厘清它们各自主张些什么、以何种方式反对“笛卡尔认知科学”的核心假设（如果它们果真反对的话），并澄清哪些分支可以兼容、哪些则不行。

4

资料库 1.1　同一性与排他实现

就本书的目的而言，同一性（identity）与排他实现（exclusive realization）间的差异并不重要，因此我在前文中一直没有对它们做出区分。但这里还是有必要解释一下。首先，“同一性”这个概念其实就有两种理解。宽泛地说，所谓“心理过程‘等同于’或‘就是’大脑运行过程”就是说“心理过程与大脑运行过程是同一回事”。并不是说有两个过程——一个叫“心理过程”，另一个叫“大脑运行过程”——并且二者相互关联，而是从一开始就只有一个过程。但是，我们可以用两种方式去理解这个过程。斯玛特（Smart，1959）指出，所谓“心理过程”与“神经过程”指的都是过程的“类型”（kinds）——或以哲学家们惯用的术语，是过程的“类”（types）。因此，说心理过程“等同于”大脑运行过程，就是说二者“类型”或“类”同一。这是一种“类同一性”理论。根据这种理论，心理过程等同于大脑运行过程，就像水等同于 H_2O，或者闪电等同于离子化的水粒子团块从云端向地面的放电现象。

对心智与神经过程“同一性”的另一种理解（Davidson，1970）如今更受欢迎。根据这种理解，心智与神经过程是作为各自类型中的实例（instances）——或以哲学家们惯用的术语，作为两个“例”（tokens）彼此等同的。我，作为一个特殊的个体，在特定时间（比如，2008 年 3 月 21 日下午 4 点 19 分）经历的个别事件（一阵疼痛）“等同于”该时刻我大脑中一次特定的神经激活。这种同一性存在于个别事件，即“实例”或“例”之间，而不存在于“类型”或“类”之间。这种观点被称为“例同一性”理论。

“例同一性”理论之所以更加流行，与我们前面提到的“实现”

(realization) 概念有关。“实现”这个概念源于统治了早期认知科学的“心智的计算机类比”(Putnam, 1960)。同一个程序可以在好几种不同的计算机上运行，并且这些计算机在限定范围内可以有不同的架构。因此，我们不能将程序等同于任意一种特殊的硬件配置方式。但与此同时，程序又不可能脱离硬件运行，因此尽管它与底层的硬件架构不是同一回事——比如一款社交软件既能在安卓系统中又能在苹果系统中使用——在任意一种情况下，它却都是由特定“类”的硬件“实现”的。说 A“实现”了 B，其实就是非常笼统地说 A 通过提供物理基质让 B 得以发生。

有一种观点认为，心智在类型上属于“功能类型”，在任何情况 5
下，都要由某种硬件基质“实现”，但并非在所有情况下都只能由同一种硬件基质实现。这种观点让“例同一性”理论进一步大行其道。说心智在类型上属于“功能类型”，就是说我们最好根据心智“做什么”来定义它。对事物的这种定义方式很常见，以化油器为例，这是汽车发动机内部的一个部件（其实是老式汽车的一个部件，因为如今市面上的汽车大都采用直喷或电喷装置，化油器已经很少见了，但没关系，我们就举个例子）。那化油器是什么呢？粗略地说，它就是从燃油歧管吸入燃油，同时从空气歧管吸入空气，以适当的比例将二者混合，再将混合物输送到燃烧室的装置。在汽车发动机中发挥上述功能的装置就是一个化油器；同理任何一个东西只要能在汽车中实现上述功能，我们都可以将它定义为“化油器”。大多数化油器长得都很像，但这只是一种巧合，因为重要的并非它们“长什么样”，而是它们“做什么事”。和它们具备的功能相比，物理结构与实现这些功能的细节都是次要的——某物之所以是化油器，是因为它的功能角色，而非它的结构或实现这些功能的具体方式。当然并非什么东西都能扮演化油器的角色，往你的爱车的发动机中塞一坨果冻，它就没法混合燃料和空气，事实上，它除了化成一滩液体啥都不会干。这坨果冻就不具备化油器的功能。因此，功能角色如何“物理地”实现并非不重要，但只要某物拥有了能使其扮演一个化油器角色的物理结构，这个结构具体是怎样的，以及这个“某物”具体是什么就不重要了——只要具备了化油器的功能，它就是一个化油器。

在“例”的水平上，每一个特殊的化油器都是一个物理实体。因此，一个化油器和一个物理实体之间具有“例同一性”。但是，既然不同类型的实体原则上都能扮演化油器的角色，那么化油器与特定类型的物理实体间就不具备“类同一性”。亦即，不能说化油器与某一类物理实体是“同一类”事物，因为其他类型的物理实体也能扮演化油器的角色，因此也能“是”化油器，只能说化油器这一“类型”或“类”可以由某些物理类型或类“实现”，但它们作为“类型”或“类”又并不同一。

将心智与物理实体的“例同一性”与对心智“类型”或“类”
6 的功能主义解释相结合，构成了几十年来最受欢迎的唯物主义心智观。大意就是：作为“例”的心理过程“就是”作为“例”的大脑运行过程。既然人们广泛承认在大脑以外没有什么东西能实现心理过程的“类”，大脑对心智的实现就是排他的。“例同一性”理论与神经过程的排他实现共同构成了关于心智现象本质的默认观点，这种观点也正是4e的主要批判对象。

正因如此，同时也为避免预告本书的结论，现在我来简单地讲一讲“非笛卡尔认知科学”（或作为“非笛卡尔认知科学”基础的“非笛卡尔心智概念”，这取决于具体的语境），它由 4e 的某些分支构成（但未必是全部）。具身、嵌入、生成与延展的概念多样性与潜在的不兼容性的确成其为问题，如果一种新的、非笛卡尔的认知科学要建立在这些理念的基础之上，而这些理念并不完全兼容的话，那我们的“新科学”就难免“基础不牢，地动山摇”了。我们需要对这些理念的内涵做出精确界定，并在此基础上将它们以最优的方式整合起来，抛弃那些确实不兼容的成分。这就是哲学家的工作。因此说哲学推动了具身、嵌入、生成与延展理念的发展并不全对：在哲学家群体中，确有一些人提出了与这些理念高度适配的观点， 7
甚至可以说他们的观点就是 4e 的某种“哲学版”，本书也将提及一些这样的人，但 4e 的最新发展源于认知科学的进步，包括情境机器人学、发展心理学和视知觉理论。哲学的主要任务不是为“非笛卡尔认知科学”提供新的实验证据，而是要为这门“科学”夯实概念根基。

这本书的意图是为“非笛卡尔认知科学”提供稳固的核心概念，为此要提炼、澄清这些概念并为它们提供恰当的辩护。这项工作将从第 3 章开始。届时我们将梳理具身、嵌入、生成与延展的内容——它们的具体主张都是什么。而后，就是探讨它们能否并存。也就是说，我们将考察每一种理念是能推出其他理念、是与其他理念适配，还是根本就互不相容。我们将面临抉择——如果发现理念 A 其实只是理念 B 的“另一个版本”，我们的“非笛卡尔认知科学”就只包含 3e 了

（我没说它就是3e，或许不止，或许更少）；更令人忧虑的是，也许某种理念会与另外一种或几种理念不兼容，那样的话，我们就要决定放弃哪一种理念，以及如何在诸如此类的限定条件下维护“非笛卡尔认知科学”的整体概念框架了。[5]

上述工作完成后，我们将面临最重要的任务：为全新的“非笛卡尔认知科学”辩护。[6]在一部哲学著作中，这种辩护意味着支持构成这一“新科学”的概念体系——我们已提炼、澄清了这些概念，并保证它们相互兼容。这将是本书的主要任务与主要内容。当然它谈不上轻松——我们正在见证一门“新科学”的诞生，但所有的分娩都是漫长而痛苦的。不过，所有任务都将最终完成，本书对此持乐观态度。

在开始之前，我们还有一些准备工作要做。说心智并非“装在脑袋里”——而是会延展到身体乃至外部世界中去——会吓到很多人，他们会认为这简直就是疯了，觉得任何有理智的人都不会这么
8 想！在本章的剩余部分，我将用一种浅显的方式向他们表明这种想法其实也没有看上去那么疯狂。

2　心智与心理现象

说心智并非“装在脑袋里”，不等于说心智——甚至自我（self）——在脑袋外面。果真如此的话，作为一种对心智与自我的见解，它可就真是太疯狂了！幸好这不是“非笛卡尔认知科学”的主张。换句话说，4e的任何一个分支，不管是具身、嵌入、生成还

是延展，都不会认同这样的观点——心智如此，“自我”就更不必说了。当然，一些“有心理状态或心理过程的”事物确实可能“在脑袋外面”，但“非笛卡尔认知科学”关注的是心理状态与心理过程本身，而不是那些“拥有它们”（包含它们）的东西。[7]

你的心智始于何处，又终于何处？这个问题有些不同寻常。所谓“寻常”的问题，至少以哲学家和心理学家的视角观之，一般都会这样问：“心智是什么？”相应地，“寻常”的回答一般是：“大脑。”如果这就是正确答案，那么你的心智就始于大脑所始，终于大脑所终——毕竟心智“就是”大脑，不是什么别的。但你的大脑始于何处，又终于何处？那些相信心智“就是”大脑的人通常会严格区分中枢神经系统和周围神经系统——大脑就是你脑壳里那团灰不溜秋、黏不拉几的东西，包括脑干、海马和大脑皮质：如果这就是大脑，那这就是你的心智。更准确地说，你的心智就位于这个“三位一体”的结构之中，是其中那些让你有能力思考、感受和从事其他认知活动的部分，是你的大脑皮质与海马的一部分。

也许这种说法还是有些太笼统了，但它最严重的问题其实是：老实说，我甚至不确定我真的“拥有”心智这种东西——如果心智不同于心理状态和心理过程的话。哲学家大卫·休谟（David Hume）很久以前就提出过类似的观点：

> 不论什么时候，当我潜入所谓“自我”的深处，都总会碰见某些特定的感知，像冷与热、明与暗、爱与恨、痛与快。我从来都没法理解什么叫“没有感知的自我”，也从未发现过感知以外的什么东

> 西……如果有人严肃且不带偏见地反思后，认为他的自我观有什么
> 不同，我就只能承认我的确没法理解他。我只能说他和我一样，都
> 9 可能是对的：这方面我们在本质上有所不同。或许他能感知到一些
> 清楚明白、持续存在的东西，他称之为他的“自我”，但我很确定这
> 对我不适用。(1739/1975：252)

休谟这番话针对的是“自我”存在与否，他没有明确“自我”与心智是不是同一回事。[8]但对我们来说这不成其为问题。我们完全可以依葫芦画瓢，针对“心智”提出一种与他对应的观点：当我潜入所谓“自我”的深处，也就是说，当我开始内省，将注意指向内心，我不会遇见一种叫“心智”的东西——只会发现一系列心理状态和心理过程。也就是说，内省时我也许会意识到自己在想些什么、感受如何，意识到自己的信念、欲望、情绪，意识到自己的渴望、恐惧、希冀和预期……凡此种种。但我绝对不会遭遇这些状态和过程的“主体”（subject）——如果这个“主体”指某种不同于上述心理状态和心理过程的东西。如果将“心智”理解成某种潜藏在我的心理状态与心理过程背后的事物，我在内省时就绝对不会遇见它。

但我们得非常小心，因为这种休谟式的洞见很容易就会“变味儿”。假设我正看着一个物品，比如我工作时经常搁在笔记本电脑旁的一罐健怡可乐（对我那个因年迈已有些不太灵光的大脑，它可是一剂良药）。我能看到可乐罐的形状、它闪亮的银色表面，还有那上面用黑色和红色印的文字。但我看见的是罐子“本身”吗？如果你认为不是，就说明你已经将罐子看作某种独立于这些特性或高于这些特性的东西了。我看见的不是“形状、表面、文字与纹样，再加

上个罐子”。但这是否意味着我没看见罐子？说我没看见罐子，就是一种“变了味儿”的观点。我是**因为**看见了形状、表面、文字与纹样而看见罐子的。通常我们能看见任何对象都是**因为**能看见它们的特性。

这才是对上述“休谟式洞见”的正确理解。说你在内省的时候“不会遇见你的心智”具体是什么意思，取决于“遇见你的心智”具体是什么意思。你之所以能意识到你的“心智”，是**因为**你意识到了自己的心理状态和心理过程，就像我之所以能看见那罐健怡可乐，是**因为**我能看见罐子的形状、表面、文字与纹样。

但是，我们的思维并不总能保持这种微妙严谨。通常在想到 10
“心智”这个概念的时候，我们会认为它是潜藏在一切心理状态和心理过程背后的某种东西：是这些心理状态与心理过程“所待之物”，将所有这些心理状态与心理过程整合在一起。同样，想到健怡可乐罐的时候，我们会习惯性地认为它是它所具有的那些特性的“基础”，是它整合了那些特性。为避免这种变了味儿的心智观，也就是将心智视为某种“纯粹基质”(bare substratum)，我将在本书的剩余部分尽可能地避免直接讨论心智“本身”(除非我们要提及其他人关于心智“本身”的观点)。我将只关注心理状态与心理过程：它们都属于“心智现象”的大范畴。事实上，如果我们以一种独立于心理状态与心理过程的方式理解“心智”，本书支持的非笛卡尔主义心智观压根儿就不是一种“心智”观，而是一种“心智现象”观，它主张**至少有些**心智现象是具身的、嵌入的、生成的或延展的。在这个意义上，它驳斥了笛卡尔认知科学支持的那种心智现象观，即心理状态和心理过程**就是**大脑运行的状态与过程，或者由后者“排他实现”。

上述笛卡尔式的心智现象观，即心理状态和心理过程**就是**大脑运行的状态与过程，或者由后者“排他实现”的观点并非近代学者的心血来潮。它的历史相当悠久，最早可追溯到 17 世纪的法国。

3 笛卡尔的幽灵

心理事件与神经事件具有“例同一性”，并且心智由大脑“排他实现”，这种观点在认知科学中大行其道的原因其实很好理解。要是你否认它，那至少看上去你就将自己置于一个非常不利的地位，似乎在为某种心智的二元论辩护。二元论最为知名的代表人物当属哲学家、数学家和前任雇佣兵勒内·笛卡尔（René Descartes）。

在笛卡尔看来，心智是一种非物理性的物质。如今，我们通常用“物质”（substance）这个词来表示“构成特定事物的材料”。但是，在笛卡尔的作品里，这个术语的含义继承自一系列中世纪哲学家，对他们来说，“物质”指的就是“事物”或“对象”。因此，笛卡尔的观点其实就是：心智是一种非物理性的对象。在某种意义上，
11 笛卡尔认为心智和心脏、肝脏、脾脏、肺、肾脏等身体器官一样，都位于体内，并且更重要的是，都是某种特定类型的对象——它们是根据功能或作用来定义的：心脏的作用是将血液泵到全身，肝脏的功能是调节新陈代谢，肾脏的功能是处理代谢产生的垃圾，诸如此类。

笛卡尔认为和体内的其他器官一样，心智也是根据功能来定义的：它的功能就是思考。但他认为心智与其他器官有一处关键的不同：心智是非物理性的。大体上，他的意思是：心智不占据空间。笛卡尔称任何物理性的事物都有一个定义性的特征：**广延**。所谓广延，指的是物理性的事物会占据一定的空间，也就是需要“占地方”——正是这个特征让它们成其为“物理性”的。而心智作为非物理性的对象，自然也就不需要“占地方”。

但是，通常事物的空间属性都有两个不同的方面：其一，它们有**空间广延**（它们要“占一块地方”）；其二，它们有**空间位置**（它们得“在一个地方”）。而笛卡尔从未将二者明确地区分开来。我们知道，如果一个对象有空间广延，它就一定有空间位置。一个占据了一定空间的事物却不存在于空间中某个特定的位置是不可能的（即便“某个特定的位置”这种说法其实也相当模糊）。但如果一个对象有空间位置，它却未必一定有空间广延。比如，许多科学家都认同（有些甚至坚信）“点粒子”（point particles）的存在：一个“点粒子”位于空间中某个特定的位置，但却“不占一点儿地方”。他们也许错了，但他们愿意接受上述可能性，至少乍看上去，空间广延和空间位置这两个概念是不同的。空间广延似乎必然要求空间位置，反之则不然。

虽说笛卡尔并没有区分空间广延和空间位置的概念，但这一对概念间的差异可用于理解笛卡尔的观点。[9]事实上，笛卡尔的观点就是：心智没有空间广延（因此它们是非物理性的），但的确有空间位置。每一个心智都位于一个（正在运行的）大脑之中，而每一个

（正在运行的）大脑都位于一具身体之中。笛卡尔没有指出心智的精确位置，但他似乎钟爱一个假设：心智就位于大脑中靠近松果体（pineal gland）的某个地方。[10]

12 笛卡尔的心智观因此成了一种二元论——它主张我们每一个人都由两种不同类型的事物，即物理性的身体与非物理性的心智构成。虽说二元论如今似乎有些要卷土重来的意思（如 Chalmers，1996），但其理所当然地成为一种被批判得最为彻底的哲学见解。一代又一代哲学家孜孜不倦、乐此不疲地宣称笛卡尔的二元论站不住脚，宣称二元论本身站不住脚，因为在实证与概念上面临严重困境，以及用各种朗朗上口的类比攻击笛卡尔的理论，其中流传最广的当数吉尔伯特·赖尔（Gilbert Ryle）的“机器中的幽灵”。以至于到如今，“笛卡尔式的”（Cartesian）几乎已成为一个贬义词。

在相当程度上，前述心智－大脑同一性/神经排他实现观的大行其道源于一种信念，即一旦我们否定这种观点，就相当于拥抱宽泛意义上的笛卡尔二元论。我们已开始了解到这一看法并不准确。事实上，人们一直以来都忽略了一点：心智－大脑同一性/神经排他实现观其实正是笛卡尔的遗产，事实上，它们是对笛卡尔心智观的一种“临摹”。

笛卡尔心智观其实有两层含义：其一，主张心智是一种非物理性的事物；其二，认为心智虽不是物理性的，但确实存在于脑袋里。因此，当赖尔用“机器中的幽灵”批判笛卡尔的心智观时，他其实也有两层意思：其一，赖尔似乎不认为心智是一种非物理性的、“幽灵”般的存在；其二，也更值得加以关注的，是赖尔似乎不认为心智能被定位在身体这台“机器”里。如果你只否认心智的非物理性，那你对笛卡尔心智观的批判就不够彻底。这种不彻底性正是心智－大脑同一性/神经排他实现观的问题所在：它不承认心智是非物理性的“幽灵”，但对笛卡尔心智观的第二层含义全盘接受了。换言之，心智－大脑同一性/神经排他实现观对笛卡尔心智观的临摹并不完整，却携带了后者典型的风格。

“非笛卡尔认知科学”是对笛卡尔心智观的彻底批判，因此理所当然是唯物主义的：不存在什么非物理性的物质——笛卡尔的幽灵要被彻底地、完全地驱逐出去。同时，“非笛卡尔认知科学”也批判笛 13
卡尔心智观的第二层意思，也就是由心智－大脑同一性/神经排他实现观完整地继承下来的那一层意思：心理状态与心理过程完全发生在大脑内部。的确有些心理状态和心理过程发生在脑内，但只是“有些”。心理状态与心理过程会**部分地**延展到大脑以外的身体，乃至身体以外的世界中去。这里“部分地”是一个显而易见的、非常重要的，但却经常被忽视的限定。我要不厌其烦地强调这一点。没有人会主张心智能离开脑袋四处晃荡——任何有理智的人都不会持这种疯狂的想法。同样不会有人认为某些心理过程完全位于身体以内、大脑以外——这种想法的疯狂程度不遑多让。“非笛卡尔认知科学”的主张是：某些（而非所有）心理过程的某些部分（而非全部）由主体大脑外部的因素构成。

可为什么要这么想？这是下一个问题。

4　好朋友与看门狗

要领会“非笛卡尔认知科学”的精神，我们可以先想想，在需要解决某些问题或做成一些事情的时候，我们会在何种程度上利用周围的事物？近年来，这种程度想必越来越深了。举个例子，我的汽车就搭载了 GPS 定位系统，事实上我记得直到 2007 年，我要开车去某个地方还得现查地图，然后记住路线（对那些比我更能与技术接轨的人，这道分水岭还能提前到 2005 年）。如今，GPS 系统已能为我承担所有的导航工作了——不论我想去哪儿。“进入辅路，请降低车速”——没什么感情色彩的电子音会这样笃定地提示。行，照你说的办。[11]

GPS 系统提供给我的是情境化的知识。也就是说，它的指令是具有实操性的，而且很好理解，因为它其实在用我的实时位置编码遵循指令所需要的信息——至少编码了一部分。在这个意义上，GPS 系统提供给我的信息是“索引式的”：一条指令的意义至少部分地取决于我们在日常生活中如何使用构成它的单词，但在某些情境下，我们能从指令中读出比字面上更丰富的意义。就拿“进入辅路，请
14 降低车速”这条指令来说，字面上它就是在让我驶入辅路，但我知道它说的其实是“在前方出口驶入辅路”，而不是让我这会儿直接碾轧绿化带换到辅路上去。[12]指令能传达一些“言外之意”，因为概括地说，它们的部分内容（部分意义）被编码在指令下达时我的实时（物理）位置中了。

我们可以对比一下 GPS 和先前的导航系统 MapQuest，它们的共性与差异对我们都很重要。先看共性。GPS 和 MapQuest 都将信息存储在我们的身体之外：我不需要记住去往某地的路线，因为这些信息就存在 GPS 和 MapQuest 里头。这些外部信息存储器因此降低了我们生物记忆的负荷，那些让我头疼的记忆任务如今能被卸载到环境中去了。

GPS 和 MapQuest 的差异体现在信息的存储方式上。MapQuest 提供给使用者的是一套“算法”：一次性给出一系列指令，假如你每一条都照办，就能到达目的地——理论上是这样的。驶离你的住所，在 156 大街转弯向西，然后在 77 大街转弯向北，之后在第二个红绿灯处转弯向西，到达 144 大街……。MapQuest 想让你左转时，它提供给你的信息会非常具体，明确告诉你在哪里做这个动作（在 77 大街和 144 大街的交汇处）。但 GPS 就不会这样做。GPS 指令的意义与你（其实是你的座驾）当前的位置紧密地联系在一起，换言之，GPS 提供情境化的信息——GPS 提供的信息既是外部存储的，又是情境化的；MapQuest 信息则只是外部存储的，却并非情境化的（至少不像 GPS 信息**那样**情境化）。

用过 MapQuest 的人都知道它有多不方便，有时候它会一次性吐出一大串指令，你记都记不住，只能将它们逐条记录在笔记本上或打印出来带着，边开车边看——然后一头撞在前面那辆凯美瑞的车尾。GPS 则不然，它会在你恰好需要时给出简短的、很好理解的提示——正是因为它提供的信息是情境化的。但是，GPS 和 MapQuest

的功能在本质上是一样的，只不过它们实现这一功能的方式不同罢了：你要完成从 A 地行驶到 B 地的任务，如果没有像 GPS 或
15 MapQuest 这样的外部信息存储系统，你就只能“全靠自己”记住行驶路线——也就是说，只能将这个任务全权委托给你的神经系统。但是，如果你能使用外部信息源，任务（对头脑而言）的复杂度和难度就都会相应降低。此时原本只能在头脑中完成的任务被部分地卸载（off-loaded）到——也可以等价地说被分配（distributed）到环境中去了。

认知任务的卸载是我们理解“非笛卡尔认知科学”的出发点。但是，GPS 和 MapQuest 之类的工具只是技术进步的新成果，各类外部信息存储手段早在人类刚刚成其为人类时就开始发展了。在某种意义上，人类文明的发展就是在不断创造新的外部信息存储结构，从而提升我们完成重要任务的能力。这方面最伟大的成就当属书面语言。在一部经典著作中，苏联心理学家亚历山大·鲁利亚（Alexander Luria）和列夫·维果斯基（Lev Vygotsky）（1930/1992）就指出了这种发展对人类生物记忆的影响。

鲁利亚和维果斯基以早期书面语言——通常都是些简单的视觉表征系统——为例。他们设想了两种情况：一是某个非洲部落的酋长让一位信使将他要传递的讯息逐字逐句地背诵下来；二是一位秘鲁的“结绳记事官”用古老的“结绳记事法”记录讯息。鲁利亚和维果斯基指出，非洲信使要针对每一条新讯息更新自己的（生物）记忆，而秘鲁记事官的记忆只需要更新一次——他只要学会并记住一套特殊的“编码”，就能读懂绳结中的任何信息。只要掌握了这套

编码，他的“可用信息”就几乎是无限量的，因为他将有能力“阅读”几乎是无限量的绳结。相比之下，非洲信使的任务显然就要艰巨一些。对秘鲁记事官而言，任务的难度被部分地卸载到环境中去了：较之“只用脑子”的做法，通过运用环境中的特殊结构，他显著降低了记忆任务的难度和复杂度（同见 Rowlands，1999，134－137）。

假设你要做一件事，不论什么事。再假设要做成这件事，你就得付出一些努力。那下面这个结论就是不言而喻的：如果你能让别的什么东西（或别的什么人）帮你分担一些工作，你要自己完成的
工作量就会相应降低——只要你将工作分配给它们或他们需要付出 16
的努力要少于你自己完成分配出去的那部分工作所需付出的努力（这一点很关键）。有句老话说得好：“要能养条看门狗，就别自己蹲门口。”看门这事儿总得有人干，但如果有条狗能帮你至少分担一些，你自己不就能省点儿心了么（Rowlands，1999，79－80）。这条“看门狗原则”正是“非笛卡尔认知科学”的一大概念内核。[13]

认知科学——不论是笛卡尔的，还是非笛卡尔的——至少都要关注以下主题：①对外界的知觉（视觉、听觉等）；②对知觉信息的记忆和提取（回忆）；③基于知觉或记忆的信息进行推理；④将信息用语言的形式表达出来，或者听取由他人以语言形式表达的信息。知觉、记忆、推理及语言的产生和理解也许尚未覆盖认知科学的全部领域，但它们无疑是这门科学的核心。

“非笛卡尔认知科学”的核心观点是：认知任务通常并非只能在

脑袋里，或者只能由大脑完成。当然偶有例外时，我们还是能指望复杂的、艰巨的内部神经处理过程。但是，如果我们能应用环境中的**相关**结构，这些任务的复杂性和艰巨性都会相应降低：我们至少能将任务的某些部分卸载到周围的环境中去。粗略地说，环境帮我们"分担"一些，我们自己的担子就会减轻一些。那么，环境中的结构何以成为"相关"的？再次粗略地说：如果环境中的结构携带了信息，并且这些信息有助于我们完成当前的任务，那这些结构就是"相关"的——操纵这些结构或以恰当的方式对它们施加影响，这些信息就能为我们所用，帮助我们完成当前的认知任务。

听上去有些抽象。但请设想 MapQuest 吐出了一大串指令，你在出行前将它们记在了本子上。这份"指令清单"就携带了与完成当前任务（从 A 地到 B 地）相关的信息，你能以恰当的方式操纵眼前的结构（笔记本），让相关信息为你所用——比如拿起来，翻到你记录的那一页，将它举到眼前。没有这些"操纵"行为，你需要的信息虽然确实"存在"（present）于页面上，但对你却是"不可用"（unavailable）的。正是因为你有能力对外部结构——笔记本——施加
17 影响——拿起它、翻开它，让它携带的信息于你"可用"（available），你为完成任务（从 A 地到 B 地）而必须让大脑承担的复杂工作就能相应减少（假设你没有用一门自己不那么熟悉的语言记录这些指令，因此读懂它们要比记住它们更容易）。用这种方式操纵外部结构，让它们携带的信息从仅仅是"存在"转化为"可用"是"非笛卡尔认知科学"的中心思想。根据"非笛卡尔认知科学"对"认知"的定义，这种操纵行为构成了认知的一部分。也就是说，将外部结构中

“存在”的信息转化为“可用”信息的行动参与构成了一个完整认知过程实质性（认知性）的部分。

我们可以再举一个同类型的例子：如果你玩过拼图，就一定知道要是不能将拼图碎片拿在手里转来转去，有时根本就没法将它们拼在一起（Kirsh & Maglio，1994）——此时，你得形成每个碎片的详细心理意象，再借助一个心理旋转的过程去尝试发现哪个碎片应该怎样拼在哪里。果真如此的话，拼图游戏就不像是个“游戏”了。当然，我们都不会这样玩拼图，因为每个碎片本身都携带了关于“我该与哪些碎片拼在一起”的信息。你可以将它们拿在手里“比对一番”——让它们彼此离得足够近，摆弄摆弄，然后判断它们能不能拼在一起——让它们携带的信息于你“可用”。这样你就无须创建心理意象，再实施心理旋转了：通过对外部环境施加影响（包括操纵并利用携带了有用信息的结构），你让世界本身为你分担了一部分工作。每个碎片都携带了信息，它们确定了自己在拼图中唯一的正确位置，通过操纵这些碎片，你将这些信息从仅仅是“存在”转化为了“可用”。而根据“非笛卡尔认知科学”的精神，这种操纵正是认知的一部分。

5 非笛卡尔认知科学：框架

“非笛卡尔认知科学”的大体轮廓正逐渐清晰起来，作为一门“新”的认知科学，它以下列原则为基本条件：

（1）外部结构能携带信息，信息“存在”于这些结构之中，关 18

乎给定的认知任务（或有认知成分的任务）能否完成。

(2) 以恰当的方式使用这些结构，我们就能将它们携带的信息从“存在”转化为“可用”——包括能用感受器检测它们，以及将它们纳入后续认知操作中去。

(3) 我们只需要对转化后的信息进行检测，而不需要进行建构或存储。

(4) 检测信息比建构或存储信息耗费更低。

最后，也是最重要的一点是：

(5) 作用于外部结构的、将它们携带的信息从“存在”转化为“可用”(因此我们只需要检测它们而无须建构或存储）的**行动**是认知的构成成分。

要领会这些原则的内涵，我们可以回顾一下只有 MapQuest 可用的情况。那时，所谓“外部结构”就是你记录了相关指令的笔记本。这份纸质材料携带了信息，而信息“存在”于笔记本中，关乎给定任务（从 A 地到 B 地）能否顺利完成。请注意，这个任务部分是运动的，部分是认知的（它显然是一个有认知成分的任务)。这样，我们就满足了条件 1。通过以恰当的方式使用笔记本——比如拿起来，翻到你记录的那一页，将它举到眼前——我们就将它携带的信息从“存在”转化为“可用”了：我们能检测到这些信息，并将其纳入后续认知操作中去。这样，我们又满足了条件 2。当这些信息对我们“可用”，我们只需要检测它们（这里是通过知觉)，不需要将它们存储起来（记在脑子里)，也不需要借助一个推理的过程建构它们。这样，我们又满足了条件 3。显然，知觉信息要比存储或建构它们更容易。尽管并非总是如此，但通常情况下知觉消耗的神经资源要比推理或存储更少，后面会谈到具体原因。这样，我们又满足了条件4。最后，只有条件5似乎还有些争议，下一节我们就来深入分析一下。

上述原则中的第一条（条件1）提到了携带信息的外部结构，
在当前语境下，所谓“外部”指的是外在于大脑（或中枢神经系
统）。这些结构并非某种神经状态或神经过程，它们甚至可以是身体 19
外部的，如一台GPS导航设备、一个笔记本、记事用的绳结……诸如此类。不过，“非笛卡尔认知科学”和“笛卡尔认知科学”一样涵盖范围甚广——我们将会看到，或许有些太广了。外部结构有时是身体性的：它们位于有机体体内，但不属于大脑或中枢神经系统，这意味着条件2中的“使用”也是高度泛化的——“使用”身体结构和“使用”体外结构来完成认知任务显然非常不同。在后续章节中，我们还要回过头来讨论这一点。

不过，当下我们需要关注蕴含在条件5中的一个更加根本的问题。

6　大问题：我们需要几个e?

上述外部信息存储结构的价值很好理解：大体而言，思考是件苦差事。据我所知，哲学家阿尔弗雷德·怀特海（Alfred North Whitehead）早在20世纪初就提出了类似的观点：

几乎每一个名人或每一位著名作家都在书中或演说中重复一个

> 错误的老生常谈：我们应该养成好习惯，思考自己在做些什么。恰恰相反。文明进步的实质，就是将大量操作过程延展出去——这样一来，我们就无须思考也能完成它们了。思维就像战场上的骑兵冲锋，不能无限制地使用，需要士兵与马匹养精蓄锐，待到关键时刻一击制胜。(Whitehead, 1911, 55)

值得注意的是，这个观点得到了近年来大量实证研究的支持(如 Baumeister et al. , 1998)。认知并非易事，只依赖大脑的认知尤其不易，我们应该只在“关键时刻”才这样做。有条件时将认知任务“外包”出去是个好主意。安迪·克拉克（Andy Clark）曾如是说：我们让周围的世界变得聪明，这样自己就没必要太费脑子了。当然“外包”认知任务要符合“看门狗原则”：将任务外包出去需要付出的努力要少于你自己完成外包出去的那部分任务所需付出的努力。

但是，这个观点回避了一个关键的问题：我们有什么理由（假如确有理由的话）认为“非笛卡尔认知科学”强调的外部过程也属
20 于认知过程呢?[14] 举个例子，操纵记录有 MapQuest 指令的小本子——拿起来，翻到你记录的那一页，将它举到眼前等，这些行动能将其中的信息从“存在”转化为“可用”。但我们有没有理由、有什么理由将这些行动视为“认知加工”的一部分呢？至少在直观上，这有些离谱。如果像这样看整个过程就会自然许多：我们有“真正的认知过程”，包括知觉、识别及理解记在笔记本上的文字，这个过程发生在脑内，由大脑的视觉和语言模块执行。它们受我的行动的**辅助**：如果我将本子举起来且没有上下颠倒，读懂上面

的东西当然就要容易得多。这一点显而易见，但它并不意味着我正着举起本子这个动作也属于认知过程的一部分：它是我对世界做出的行动，补充、支持了“真正的认知过程”，也就是那些发生在我的大脑中、由视觉和语言模块执行的过程。我对世界做出的行动**支持**认知过程，但没有**构成**它们（Rupert，2004；Adams & Aizawa，2001，2010）。

针对拼图游戏，我们也可以陈述同样的主张：拼图时“真正的认知过程”包括视知觉、心理意象的创建和心理旋转。当然，如果我没有手，没法拾起拼图碎片来回比对，那么大脑就得挑起更重的担子，创建心理意象并实施心理旋转。但我有。所以，当我将碎片拿在手里，边摆弄边比对，判断它们能不能拼在一起时，我大脑的负担就大幅降低了。但是，大脑或多或少还是要创建心理意象并实施心理旋转的。在任何时刻，我之所以会拾起某个碎片，是因为先前产生了某种感觉——这个碎片拼在某处可能合适。而我之所以会产生这种感觉，是因为先前大脑多少创建了一些意象、实施了心理旋转。因此，完成一幅拼图的过程可以很自然地区分为两个部分：其一，“真正的认知过程”，包括知觉到碎片、随后创建意象并实施心理旋转，这部分完全发生在大脑之中；其二，针对碎片的身体行动，包括拾起它们，以及各种摆弄，这部分不属于认知过程，但能提供有益的补充——包括降低不可或缺的认知过程的难度，甚至改变其性质。

问题很明显：作用于现实世界的外部操作**补充**（或**支持**）了 21
“真正的认知加工”并不意味着这些外部操作**构成**了认知加工。换言之，我们无法从前者推出后者，也就不能贸然将“环境事件推动了某个认知过程”（即对该认知过程产生了某种因果意义上的贡献）这一主张等同于“环境事件参与构成了某个认知过程”。前者当然是没问题的。环境事件显然能对认知过程产生因果性的推动作用，即便笛卡尔本人也认同这一点——假设我们不考虑他观点中的问题，也就是非物质性的心灵该如何与物质性的身体相互影响。环境事件能对认知过程产生因果性的影响，这个主张很平常，没有人会质疑。“笛卡尔认知科学”不仅接受，还会为它摇旗呐喊。

事实上，“非笛卡尔认知科学”的任何发展都无法回避上面的问题，而且它清楚地表明我们不能简单地将“非笛卡尔认知科学”等同于4e。正是这个问题推动了4e的“瘦身”。为了让事情更清楚些，我们可以重新表述以上反对意见。在MapQuest和拼图游戏的例子中，可以说外部操作为“真正的认知过程”提供了有用的“脚手架”或框架，也就是说，作用于现实世界的身体行动搭了一个架子，让嵌入其中的认知加工得以更高效地运行。这正是“嵌入心智”的主张。行动搭建的“脚手架”显著地降低了嵌入其中的（真正的）认知过程的工作量，这样我从A地到B地，或者完成一幅拼图就会更加容易。但这并不意味着“脚手架”本身也是（依赖导航驾驶或玩拼图游戏时）我的认知过程的一部分。

根据“笛卡尔主义认知科学”的传统，“真正的认知过程”与支持这些认知过程的框架或“脚手架”之间存在一条明确的分界线。“脚手架”的搭建能对“真正的认知过程”产生因果性的影响和有益的支持，但“笛卡尔认知科学”主张我们必须非常小心，不要将

“真正的认知过程”与其外部因果伴随物（Adams & Aizawa，2001）混淆。请注意，这个观点其实是符合“嵌入心智”主张的，因此支持嵌入心智其实是在反对“非笛卡尔认知科学”——至少是在反对我所定义的“非笛卡尔认知科学”。

对这个问题的正确回应不是粗暴地否认“真正的认知过程”与 22
“脚手架”之间的区别。我知道有些人很想这样做，但正如伯特兰·罗素的形容，这只是因为“偷盗看似胜过劳作”。我们需要重申：因果与构成是两种不同的关系，而非主张一切对特定认知过程产生因果性影响的事物都参与构成了该认知过程（Wheeler，2008）。主张“真正的认知过程”与“脚手架”之间的分界线划在了错误的地方（或者更宽泛地说——它没划在正确的地方）并没有否认二者是有区别的，这也不是一种让“非笛卡尔认知科学”“依定义成立”的取巧的方式。

如果“非笛卡尔认知科学”真要替代“笛卡尔认知科学”（这要求它的观点不仅有趣，而且言之有物），它就得建立在比“认知过程嵌入环境”这一主张更为坚实的基础之上。我将致力于论证：它需要的主张是环境事件——也就是发生在大脑外部的过程——确能部分地参与认知过程的**构成**。亦即，存在或发生于大脑外部的事物能部分地构成认知过程。因此要区分“非笛卡尔认知科学”与“笛卡尔认知科学”，我们应该问：“大脑外部的状态、过程与结构能否构成认知过程的一部分——真正“认知性”的一部分？”“笛卡尔认知科学”的回答是“不能”：认知过程是由大脑的运行过程排他实现的，并可能在不同程度上依赖于大脑外部的过程，后者构成了认知过程的“脚手架”或“框架”，但它们并不是认知的一部分。

“非笛卡尔认知科学”（至少我所定义的“非笛卡尔认知科学”）的回答是“能”：有些——当然不是全部——认知过程的某些真正的构成成分位于大脑外部，“位于大脑外部”当然不一定意味着“位于身体外部”。正是在这里，我们的“新科学”分出了两个阵营：“具身心智”强调（有认知能力的）有机体大脑外部，但同时是身体内部的某些过程与结构能部分地参与构成其认知过程；“延展心智”则主张认知过程可部分地由（有认知能力的）有机体身体外部、大环境中的过程与结构构成。

当然这样一来，围绕“笛卡尔认知科学”关于心理现象位于思维主体头脑之中的观点，我们就必须选边站了：这一主张与我们的
23 常识观念相符，而针对心智的科学研究通常也建立在这些常识观念的基础之上。这种笛卡尔式的心智观能否站稳脚跟，取决于一个问题的答案：发生在大脑外部的过程能否构成认知过程真正的一部分？如果它们可以，并且如果认知过程的确**就是**心理过程的话，笛卡尔式的心智观就必须被抛弃。本书的目的就是要证明这一点。

第2章

非笛卡尔认知科学

25 1 大卫·马尔的笛卡尔式视觉理论

本章的主要目的是证明“非笛卡尔认知科学”不是某些离经叛道的少数派哲学家“拍脑袋”的产物。相反，至少它最新近的版本是从各同源学科的实证研究中引申出来的。因此，本章是为非专业读者们写的，简单地梳理了一下背景资料，也正是因为过于简单，所以这种梳理难言令人满意。对相关背景有所了解的读者可直接跳到第 3 章。

我在上一章用“非笛卡尔认知科学”指代一门建立在非笛卡尔心理现象观基础之上的“新科学”。当前这种表述并非全然是描述性的，而是更多地反映了一种愿景——毕竟这门“新科学”其实还并不存在。但是，这个称谓也绝非空洞无物的。它的意义在于拣选并标识了一系列关于各类心理现象的理论或方法，围绕着一个可识别的、反复出现的主题：心理过程并不局限于有认知能力的有机体的大脑运行过程，它们能部分地由大脑外部的过程构成，后者会延展到有机体的身体，乃至有机体所在的世界中去。

但若直接将这些理论称为一门“新科学”，显然并不准确，至少还不成熟。说不准确是因为其中有些理论其实谈不上“新”：很快我们就将看到一些研究，它们就在这个大框架下展开，但已有近百年的历史；说不成熟是因为尽管这些研究都针对传统认知科学的核心原则，但它们背后的理论往往十分不同，有些甚至互不相容。传统认知科学是围绕认知过程的一个系统的、综合的框架，其基本原则是显明的、表述清晰的。而我们希望创建的“新科学”甚至尚未实现一种系统化的自明，而这是一门“成熟”的科学最基本的条件。当前，我们的 26
“新科学”依然缺乏清晰的概念基础。本章的重点是展示这门“新科学”的一系列候选理论对心理过程的解释，本书其余部分将试图为这门“新科学”奠基。但在一开始，考察一下“笛卡尔认知科学”的经典范例是极有助益的：这将让我们对“新科学”到底“新”在何处保持高度敏感。就“笛卡尔认知科学”而言，我们很难找到比大卫·马尔（David Marr）的视觉理论（1982）[1]更好的范例了！事实上，这个理论的影响极其深远：不仅被视为传统认知科学的代表性理论，而且可以说在相当程度上塑造了认知科学家们对这门学科的整体性理解。作为传统认知科学的一个重要构件，马尔的理论很能说明问题，因此我将用它来衬托本章和后续章节的大部分讨论。

从常识的角度来看，视知觉过程似乎明显包括大脑中的部分和外部世界的部分。首先，要有光照在视网膜上，这显然并非脑内过程，而是外部事件。当然，大脑必须加工它接收到的信息，才能产生视觉。你可能会觉得：这不正说明视知觉是由外部过程和脑内过程构成的吗？但是，传统认知科学将前者归为感觉（sensation）而非知觉（perception）。因此，研究知觉就是要研究脑内发生的事件：它们将视觉输入（或感知刺激）转化为视知觉经验。

根据马尔（1982）的理论，视知觉始于光线对视网膜的刺激（感觉），终于有关外部世界的视觉表征的创建（真正的视知觉）。理解视觉，就是理解从感觉到真正的视觉表征的转化。如果将对视网膜的刺激视为输入，将有关外部世界的视觉表征视为输出，则理解视觉就是要理解输入转化为输出所经历的中间步骤。

对视网膜的刺激体现为分布在视网膜上多个位置的电磁能量。这
27 种刺激的分布模式常被称为“网膜视像”（retinal image）。“网膜视像”还远称不上“视觉表征”，因为它是二维的、静态的，而且相当含混。相比之下，视知觉是三维的、动态的，明确地反映了外部世界。因此视知觉似乎必须涉及对“网膜视像”的修饰与增强——须得对后者进行某种“加工”。在马尔看来，视知觉的本质就是这种加工。

强度不一的光分布在视网膜上的多个位置，产生了“网膜视像”。光强的变化源于视觉主体（观察者）所处环境中不同结构反射光线的不同方式。马尔认为，“早期”视觉加工的目标是基于“网膜视像”创建观察对象可见结构的表征，所谓“可见结构”指的是可以直接观察到的结构，无须依赖任何“后知觉”的认知过程，典型的例子包括物体的形状、它们相对于观察者的方向、与观察者的距离等。相比之下，将物体识别为某种类型，如桌子、狗、汽车等，则涉及早期视觉加工以外的推理。

早期视觉加工的第一步，在马尔看来，是创建“初始简图”（primal sketch）。“初始简图”表征了“网膜视像”的强度分布，让其中一些更富全局色彩的结构得以呈现出来。“初始简图”的创建需要两个步骤：第一步是创建**未经处理的**初始简图（raw primal sketch），这是由大脑实例化的一种表征性的结构，表征了视网膜上光照刺激的分布模式，明确了视觉对象的边缘或纹理等信息。为此，大脑要对“网膜视像”中的信息进行登记，并对其使用特定的转化规则（transformational rules）。

本质上，这些转化规则是某种类推理过程（这一点显然模糊了马尔对“直接知觉”和“基于推理的知觉”的区分）。我们也可以将它们视为大脑做出的某种“猜测”：大脑登记“网膜视像”中的信息，在此基础上猜测“是什么物体，具有怎样的边缘和纹理，才能形成当前的‘网膜视像’”。举个例子，假如有一条转化规则叫“强连续性”，根据这条规则，当大脑在“网膜视像”中检测到一条它认为是物体边缘的线，这条线在某个点被截断，但旋即在距离不远的某处又有一条线，其延展轨迹与先前的那条线刚好一致，此时 28
大脑就会根据“强连续性”规则推断这两条线描绘了同一个物体的边缘，并猜测有什么挡住了部分视线，截断了该物体的边缘，而不是认为这两条线分属于两个不同的物体。这种“猜测”当然是会出错的，但它是基于在大脑中“硬连线”的“强连续性”规则做出的。之所以这条规则会被“硬连线”在大脑中，完全是因为如无意外，根据这条规则做出的推理一般都是正确的。可见大脑其实是在根据诸如此类的规则**修饰**“网膜视像”中的信息。

推理会延续到创建“初始简图”的第二步，即创建**完全的**初始简图（full primal sketch）。此时大脑会应用一系列分组原则——接近性原则、相似性原则、共同命运原则、闭合原则……诸如此类。其中的原理是一样的。假设塞给你一堆区域、边缘和纹理（根据马尔的说法，未经处理的初始简图差不多就是这些东西的大杂烩），下一步，你得分辨出哪些区域、边缘和纹理应该归拢在一起：这个边缘是属于这块区域，还是那块？相应地，其中的纹理是这种，还是那种？分组原则要解决的就是这些问题。再次强调，这些原则是某种类推理过程，大脑根据它们修饰未经处理的初始简图中的信息，掺入（它认为是）最优的猜测，以此创建完全的初始简图。应用这些分组原则的结果是，大脑识别出（定义）了大尺度的结构、边缘、区域等。这种全新的表征结构就是完全的初始简图。

接下来，大脑会借助其他形式的推理进一步修饰表征结构中的信息：一些与深度、运动、明暗等特征相关的原则开始发挥作用，由此创建了一种更新的表征结构——2.5 维简图（$2\frac{1}{2}$D sketch）。这是早期视觉加工的终点，以知觉主体的视角描绘了外部世界相关结构的布局。

接下来是视觉过程的另一个关键步骤：识别对象。马尔认为，识别特定形状对应的对象需要再加一层表征性的知觉加工，这层加工是围绕对象，而非以观察者为中心的，它会产生马尔所说的“3
29 维对象表征”（3D object representation）。当然，大脑依然要通过一个类推理过程创建这种新的表征结构：它会调取事先存储的一系列对象描述，并考察当前2.5维简图中的信息最能满足哪一种描述。

以上“推理”“猜测”等说法当然是一种隐喻。大脑的“推理”和我们解逻辑题时的推理是不同的，它的“猜测”和门铃响起时我们猜外头是谁也不一样。但是，马尔显然认为大脑在视知觉过程中所做的事与“推理”和“猜测”非常相似，因此用这些说法能让他的解释更加清楚。马尔的解释是对具体细节的抽象，它非常依赖两个概念——**表征**与**规则**，并且二者缺一不可。

“网膜视像”不是表征（虽说许多人都难免搞混它们）：它无所谓真，也无所谓假；无所谓对，也无所谓错。它只是光照刺激的分布模式，不论这些光照刺激来自哪里，也不论这种分布模式是怎么产生的。而表征的关键在于，它提出了关于世界的规范性主张。意思是，关于“世界是什么样子的”，表征提出了自己的见解，那就是：假如某种表征被实例化（被激活）了，那世界应该就是它“主张”的样子；假如不是，表征就出错了。但“网膜视像”不是什么会“出错”的东西，它就是“网膜视像”，它不提出任何主张。初始简图则不同，即便是未经处理的初始简图。大脑以某种方式（而非别的方式）创建初始简图，其实就是在提出一个主张：世界应该是这个样子（而非那个样子）的——比如，前文中应用“强连续性”规则创建的初始简图是在主张观察者眼前有一个（而不是两个）物体，只不过边缘被什么挡住了一部分。如果现实情况是观察者眼前的确有两个物体，这个表征就是不正确的——虽说大脑的“猜测”通常很可靠，但眼下它就是搞错了。

因此（两种）初始简图都是表征性的，“网膜视像”则不是，

因为初始简图是大脑通过应用转化规则（比如“强连续性”规则）
创建的，应用转化规则让它们就“世界是什么样子的”提出了主张，
而不像“网膜视像”一样无所谓真，也无所谓假。也正因如此，假
如世界并非它们所主张的样子，我们就能合理地宣称初始简图出错
了。正是因为涉及转化规则，初始简图才得以提出关于世界的主张，
并且这些主张有真假对错之别——说初始简图有“规范性”就是这
个意思。“初始简图是一种规范性主张”是“初始简图是一种表征
30 性的结构”的必要条件。因此到头来，对一个结构应用转化规则至
少“部分地”让该结构成其为“表征性的”了。可见根据马尔的视
觉理论和宽泛意义上的“笛卡尔认知科学”，表征与（转化）规则
这两个概念紧密相连，不可分割。

笛卡尔心智观，即心智位于头脑中的某处，在“笛卡尔认知科学”中体现为两大主张：

（1）心理表征是有认知能力的动物的大脑“实例化”的结构，这些结构提出了关于世界的主张。

（2）认知过程涉及对心理表征应用转化规则。

可见认知过程的内部主义源于心理表征的内部主义——认知过程是大脑（基于规则）对心理表征实施的操作，表征与致力于转化表征的操作都位于大脑内部。

2 看好了！

要了解全新的“非笛卡尔认知科学”，凯文·奥里根（Kevin

O'Regan）的网站是一个很好的出发点（网址是 http://nivea. psycho. univ-paris5. fr/）。奥里根是一位知觉心理学家，任职于巴黎的法国国家科学研究中心（Centre National de la Recherche Scientifique，CNRS），因研究“变化视盲”（change blindness）现象而闻名于世。他的网站提供了这种现象的一些非常精彩的实例。你能在网页上看到各种场景的图片，如巴黎圣母院、战机在航母上降落、人们在映着山峦的湖面上划船等。每张图片都是“动态”的：它们会以一种非常明显的方式“变一下”——具体怎么变我这里就不说了，但它们的变化非常显眼，正常情况下你绝对能意识到。但在一个“变化视盲”实验中，情况恰恰不那么正常。

通常情况下，视觉场景（如一幅图片）中的变化会在视觉系统中产生瞬变信号。系统的低层（即无意识）机制能检测到这种信号，结果就是你的注意力会被自动引向变化发生处——因此你意识到了变化。然而，变化视盲实验应用了一种能消除瞬变信号影响的技巧。具体做法有好几种（登录奥里根的网站，那上面都有），其中之一是 31
在图片变动的瞬间（就一瞬间）用一个全局性的刺激“遮盖”整个视野，如突然使屏幕变成一片灰，再瞬间变回来，变化前后显示两张不同的图片。另一种方法是制造大量同时出现的局部干扰，这些干扰在视觉场景中看似泥浆飞溅——它们充当了一种诱饵，为的是将局部瞬变的影响降至最低。在观察者跳视、眨眼的同时变化图片，或者在一次切换前后变换某个视频场景中的某些细节也能产生类似的效果。在所有这些情况下，短暂的全局性干扰会“淹没”局部瞬变，让它无法正常吸引观察者的注意力。

包括奥里根（1992）在内的许多研究者通过一系列实验（如Blackmore et al.，1995；Rensink，O'Regan & Clark，1997）证明，观察者在这种条件下很难注意到即便是相当明显的一些变化。正常情况下，你会发现并非所有变化都很难注意到，但相比之下，无干扰的视觉场景中的变化总要容易发现得多。奥里根甚至通过一个实验向我们展示：即便观察者在变化发生时直接盯着变化发生处，依然可能会“错过”它（O'Regan et al.，2000）。

西蒙（Simon）和勒温（Levin）（1997）证明，除观看屏幕上显示的图片或视频，变化视盲现象在真实场景中也会发生。他们设计了一个著名的实验，并因此声名鹊起。这个实验创造了一个有些滑稽的场景：一名实验者假装在康奈尔大学校园中迷了路，选择一位路过的学生打听。在毫无戒心的路人开口回答时，会有两个抬着门板的“工人”从他们中间穿过。在门板的“掩护”下，另一位实验者迅速和原先那位“掉了个包”，并在“工人”们走过后接上对话。结果只有50%的学生注意到眼前的人变了——要知道前后两位实验者身高不同、穿戴不同，说话声音也不同。而看穿了实验伎俩的学生们通常在年龄与人口学特征方面与两位实验者比较接近。在一项补充实验中，当两位实验者装扮成建筑工人，学生们就更难看穿了——可能正是因为他们似乎属于另一个社会群体。西蒙和勒温（1997，266）认为，我们之所以注意不到某些变化，是因为“对依
32 时而变的视觉世界缺乏精确表征”，只编码了当前场景的“主旨”——它能让我们大体了解那些正在发生的、关系重大的事件，并在有需要时进一步提取相关信息。

另一项研究在圈子里更是无人不知、无人不晓，事实上，你大概也听过这则轶事，叫“我们中的大猩猩”（Simons & Chabris, 2000）。在这个实验中，研究者让被试观看两支球队相互传球的视频，一支队伍的球衣是白色的，另一支队伍的球衣则是黑色的。他们要求每一位被试计算白衣队传球的次数，然后问被试是否注意到了别的什么不寻常的东西。事实上，在视频开始后约 45 秒，会有一个“闯入者”出现在屏幕上，走过球员们中间——要么是一位撑伞的女士，要么是一位穿着大猩猩戏服的男子；这个角色要么被处理成半透明的，要么完全未经处理（即不透明）。在闯入者半透明的试次中，多达 73% 的被试没注意到穿着大猩猩戏服的男子；即便在闯入者不透明的试次中，也有 35% 的被试对他视而不见（Simons, 2000, 152）。西蒙（2000, 154）总结道：“很多人都没意识到，我们对那些未加关注或意料之外的刺激其实相当盲目，总是错误地相信重要事件会自动将我们的注意力从当前的任务或目标上移开。”这种现象被称为“非注意视盲”（inattentional blindness），与变化视盲密切相关。

我们会在下一章用更多的篇幅尝试深入解释这些现象，但在这里可以先提两点。首先，变化视盲和非注意视盲现象似乎表明，视觉表征扮演的角色并不像我们先前认为的那样重要——至少可以说这一点现在有争议。内部视觉表征提供的并非视觉世界复杂而详细的“模拟”，而是当前状况的“主旨”，也就是一张描绘知觉世界的“地图”，但它既不清晰，又不完整，缺乏细节，而我们的视觉经验可从来不缺乏细节：毕竟，我们“看到”的可不是什么周围世界的

“主旨”，我们眼中的现实是如此复杂、丰富而细致！视觉经验的这些现象学特征单凭视觉表征显然无法解释。

其次，视觉表征“效力”不足。有机体要产生细致而丰富的视
觉现象学，就要拥有对世界的能动性。我们无须在内部复制视觉经
33 验复杂、丰富而细致的现象学，相反，只需要不断引导注意力，指
向周围可视世界的方方面面，我们就能直接**利用**现实的丰富细节，
而不用在内部将它们复制一遍。

我们将在下一章深入探讨这些观点，当下只点到即止：表征无法“面面俱到”，而行动要比想象中的重要。在那些支持心灵“新科学”的理论中，类似的主张将一再出现。

3 视知觉的生态理论

这种对知觉的解释是生成主义的，它最重要的一些特征早在20世纪中叶就被康奈尔大学的心理学家詹姆斯·J. 吉布森（James J. Gibson）预见到了。吉布森从20世纪50年代末开始发展他的“视知觉生态理论”，直到1979年去世。但整整20多年的时间里，他的理论都在遭受心理学家和哲学家们的激烈抨击，他们认为吉布森的视知觉观简直混乱到无可救药，甚至可以说带有“魔幻”色彩。可如今人们慢慢开始意识到，“非笛卡尔认知科学”的兴起其实是对吉布森非凡工作的一种证明。

我们已经知道，对视知觉的传统解释（如马尔的视觉理论）大致框架如下：

（1）（视）知觉始于光对视网膜的刺激。

（2）这种刺激产生了“网膜视像”，也就是光照刺激在网膜不同位置的强度分布。

（3）“网膜视像”携带的信息很少，不足以产生真正的知觉。

（4）要产生知觉，必须借助各种操作（即信息加工过程）补充和修饰网膜视像中的信息。

（5）这些信息加工过程发生在知觉主体（即有机体）的内部。

该框架假设视知觉始于“网膜视像”。吉布森的第一个洞见（或许也是他最重要的洞见）是意识到事实并非如此：视知觉的起点不是“网膜视像”，而是吉布森（1966、1979）所说的“光学阵列”。 34

源于太阳的光弥散在地表之上的介质（即空气）中，并在不同物体的表面间不断反射，维持着某种“稳定状态”，此时光会从各个方向汇聚于空间中的任何一点。不同方向的光强不同，因此空间中的每一点都对应着一组密集嵌套的立体视角，它们构成了围绕该点的一个“球体”，每一个立体视角都有自己的光强和混合波长。当下，我们可以将一个观察者想象成空间中这样一个点，围绕这一点的光的空间模式就构成了该观察者的“光学阵列”。这些光携带了大量信息：它们所反射的物体表面的性质与位置决定了特定“光学阵列”的结构。

每个“光学阵列”都可分为许多视角或部分，光从不同物体的表面反射而来，造成了各部分平均光强和波长分布的差异。这种差异标识了“光学阵列”各部分的边界，因此提供了关于现实世界中客体三维结构的信息。“光学阵列”的各个部分均可依相应反射面的纹理进一步细分，其携带的不同粒度的信息描绘了客体与地形等视觉对象相应水平的属性。

在各种意义上，“光学阵列”的重要性都是吉布森最核心的洞见。事实上，正是因为赋予了“光学阵列”某种“概念上的优先性”，他的生态知觉观才有了立足之地。“光学阵列”是一种携带信息的外部结构。说它属于“外部结构”，这一点不言自明：“光学阵列”位于知觉的有机体外部，其存在与否也并不取决于该有机体。此外，它携带了关于环境的信息。在吉布森看来，知觉的有机体凭“光学阵列”携带的信息，足以确定塑造该“光学阵列”的环境的特性。吉布森认为信息本质上是某种“定理性的依存关系”（nomic dependence）——现实中特定环境的结构取决于其周围物理环境的结构。这种依存关系类似于某种自然法则（所谓“定理性”指的就是这个意思），“光学阵列”因此得以携带更大范围的环境的信息。正如吉布森所说，“光学
35 阵列”是特定于环境的，有机体的知觉系统只要能检测到某阵列中光的结构，也就能据此了解它所对应的环境。这样一来，有机体所觉知的就是环境的，而不仅仅是“光学阵列”的结构。更重要的是，“光学阵列”所体现的环境信息也能为有机体所用了。

一旦承认“光学阵列”属于外部结构，能够体现环境信息，我们当然就要被迫承认与知觉相关的某些信息存在于知觉主体的环境中了。这看起来没什么大不了的，但是，它能推出一个重要结论：假设我们要完成某个知觉任务，同时我们接受“光学阵列”的观点，那么我们必须允许至少某些与任务相关的信息位于“光学阵列”之

中。吉布森认为这些外部信息足以让我们完成当前的知觉任务。他可能是对的，也可能错了：不排除我们认为某些内部信息加工过程是不可或缺的，它们补充或修饰了“光学阵列”中的信息。但即便如此，有一件事也确定无疑：我们不能先入为主地评估特定有机体完成某个知觉任务需要哪些内部操作，除非已充分了解它所处的“光学阵列”中有多少可用信息。“光学阵列”可为有机体所用的信息越多，有机体需要执行的内部操作就越少——在逻辑和方法上，对环境中可用信息的理解必然优先于对有机体内部知觉过程的理解。

理解视知觉的下一步，是解释知觉的有机体如何利用“光学阵列”携带的信息。此时吉布森强调的另一元素——行动——就粉墨登场了。吉布森指出知觉与行动密不可分，这一见地与近半个世纪后的生成主义理念遥相呼应。知觉的有机体通常是“能动”的，它们会主动探索环境。对一切有能力善加利用的有机体而言，“光学阵列”都是重要的信源，但“善加利用”绝非一味地被动观察，相反，有机体会积极主动地从“光学阵列”中采样。当观察者移动位置时，整个“光学阵列”都会发生变化，相应地，周围客体的布局、形状和方向的信息就体现在这个变化的过程之中。

通过移动并造成“光学阵列”的变化，知觉的有机体能够识别并利用该阵列中所谓的“恒定信息”（invariant information）——吉布森所说的“恒定信息”只会在“光学阵列”的变化过程中对有机体
呈现出来。以“地平线比率关系”（horizon ratio relation；见 Sedgwick， 36
1973）为例：在我们极目远眺时，地平线在特定高度与视野中的物体相交，所有高度相同的物体不管距离多远，被地平线分割而成的两

部分高度之比都是恒定的。这种比率关系就属于“恒定信息”。有机体只有借助移动，造成“光学阵列”的变化，才能发现这种比率关系。在这个意义上，信息并非有机体内部的什么东西，而是有机体与环境之间**关系变化**的函数。

因此，吉布森有两个核心论点：①“光学阵列”作为知觉的有机体外部的结构，对有能力善加利用的有机体而言，携带了丰富的信息；②有机体可以通过行动影响“光学阵列”，造成它的变化，从而获取并使用这些信息。究其实质，知觉的有机体所做的，不过是操纵一个外部结构（即“光学阵列”），获取并使用相关信息，引导自身适应环境——说有机体在“获取并使用相关信息”，就是说它们在设法让信息更容易被自身检测。回顾“地平线比率关系”，有机体所在的环境携带了不同物体相对高度的信息，但这些信息对有机体并非直接可用——唯有移动以改变自身的位置，造成“光学阵列”的变化，有机体才能“检测”到——也就是“获取并使用”这些信息。

人们通常认为吉布森是反对心理表征的，他对知觉过程的解释也确实在回避心理表征，但我相信对吉布森知觉观的另一种解读更有价值。这种解读少了些盖棺定论的味道，也不好说吉布森本人是否会赞同（据我所知，至少某些当代“吉布森主义者”对此就持明确反对的态度[2]），但它与吉布森的整个理论体系都是适配的。

回顾马尔的经典视觉理论，知觉就是对（携带了信息的）内部结构的操纵与转化，这些内部结构都是表征性的——从“未经处理的初始简图”到“3 维对象表征”。至少在某种程度上，吉布森的知觉观以对（携带了信息的）**外部**结构（即“光学阵列”）的操纵和转化取代了对（携带了信息的）**内部**结构的操纵与转化。撇开吉布森对生态知觉理论的某些解读，这个理论本身从未要求，甚至从未暗示要用对外部结构的操纵与转化取代**一切**传统的、对内部结构的 37
操纵与转化（Rowlands，1995）。前者对后者的这种“取代”从来都是一个程度上的问题，具体程度完全取决于经验。没有理由认为吉布森的理论要求我们用前者完全取代后者。但要强调的是，如果对有机体“操纵与转化环境结构，从而获取和使用知觉任务必不可少的信息”的能力，以及对这种操纵与转化的程度缺乏充分掌握，我们就无法了解有机体是否需要在知觉过程中实施，或者实施多少（以及具体哪些）内部信息加工操作。

至此，吉布森理论与我们的“新科学”在两点核心主张上达成了共识：理解知觉既需要弱化表征，又需要强调行动。一方面，吉布森对“笛卡尔认知科学”中“心理表征”的概念提出了质疑和（至少在我看来）有限度的反对；另一方面，吉布森主张知觉的有机体借助行动对现实世界的能动作用可以（至少在某种程度上）取代传统观念中由心理表征所扮演的角色。

4　俄国先行者

吉布森的理念符合我们的“新科学”，这一事实充分证明所谓的“新科学”其实并没有那么“新”。令人吃惊的是，这门“新科学”

的精神可以再往前追溯到我曾提及的两个人——苏联心理学家鲁利亚和维果斯基（1930/1992）。

感觉、认知与行动的“三明治模型”（Hurley，1998）生动地描绘了“笛卡尔认知科学”的概念体系。马尔的视觉观就清晰地反映了这个模型的精神。本质上，“三明治模型”是一个心智的“输入－输出”模型：感觉就是系统的输入，行动就是系统的输出，而认知就是信息加工操作——在大脑内部对携带了信息的结构的操纵与转化。“笛卡尔认知科学”有一个值得关注的特点，那就是将知觉夹在了“三明
38 治”的中间——知觉是认知的一部分，因此与感觉大不相同。然而，我们也必须承认，直观上，与其他类型的认知过程（像思维、推理和记忆）相比，知觉与现实世界的关联要紧密得多。感觉是知觉的起点，但并非其他类型的认知活动的起点。因此，如果知觉属于“三明治”中间的“馅儿”，它也只能是“馅儿的外层”——不是那片火腿，而是生菜、小黄瓜和蛋黄酱。

这些直觉暗示我们：前述生态知觉理论及生成主义观点应予削弱——我们可以接受它们的“主旨”，但必须严格限制它们的“适用范围”。大体上，持这种立场的人会说：“好吧，关于知觉我们认输了。它的确涉及对（携带了信息的）**外部**结构的操纵与转化，所以知觉过程会延展到知觉的有机体所在的环境中，而不是只发生在该有机体的头脑里。我们接受这种说法——但仅此而已。‘真正’的认知，或曰认知的‘内核’——不管你怎么称呼它都好——仅限于那些发生在认知的有机体大脑中的过程。”换言之，知觉是一种特殊的、外围的认知形式，不能被用作理解“广义认知过程”的模板。

显然，这种回应坚定地站在了“三明治模型”的一边，只不过将“三明治”的结构重新定义了一番——知觉被切割成了两个部分：一部分属于“馅儿”，另一部分属于夹“馅儿”的“面包”。可见，如果我们的“新科学”旨在动摇“笛卡尔认知科学”的整个概念体系，而不仅是稍加改良，它就不能只关注知觉——必须深入到认知的“内核”中去。它应该证明所谓“认知的‘内核’”并非像果核那样被裹在皮肉之中的东西。换一种说法，它应该揭示认知与知觉要比我们所想象的更为相似。

鲁利亚和维果斯基很早就提出了类似的观点。尽管他们的一系列经典研究于 20 世纪 30 年代已然发表，但直到 1992 年才被西方学术界关注并重复。鲁利亚和维果斯基构想了两个人在面对同一记忆任务时的不同处境，一个是受酋长委托传递口信的非洲信使，另一个是秘鲁记事官。结绳记事常见于古代的秘鲁、中国、日本等地，
是一种传统的外部表征手段，也是书面语言的前身。绳结可用于记 39
录各种信息（包括军队组织、人口统计、税收状况等），也可向他人（如其他部落或行省）传递指令。古时秘鲁专设的结绳记事官就既能以绳结记录，又能阅读。当然，在这项技术发展的早期，结绳记事官几乎没法读懂他人捆扎的绳结，除非辅以记录人的口头说明。但随着时间的推移，结绳记事法逐步实现了精细化、标准化，最终能用于记录一切重要事务，包括部落的法律和重大事件。

鲁利亚和维果斯基相信，结绳记事法的发展对使用者的记忆策略产生了深远影响。非洲信使因为缺少类似的外部表征手段，只能

将酋长的口信记在心里（这些口信可能很长）。光记住口信的“主旨”是不够的，他必须精确地、逐字逐句地背诵下来——这显然要困难得多。相比之下，秘鲁记事官就没有必要记住绳结中包含的信息，他只需要记住解读这些绳结所需要的那套“编码”就够了。非洲信使要传递信息，需仰仗出色的记忆力；对秘鲁记事官来说，这方面的要求远没有那么高：不论以多少绳结记录多么大量的信息，“编码”就在那儿，不多不少。掌握了这套“编码”的人，就拥有了阅读绳结中近乎无限量信息的潜力。

鲁利亚和维果斯基认为，可用的外部信息存储系统将促成记忆的快速发展。“外部记忆”的类型越多、复杂性越高，对死记硬背的要求就越低，“生物记忆”也就越不重要。因此，鲁利亚和维果斯基预测，纯粹的“生物记忆”终将被边缘化，受影响最大的当属情景记忆（episodic memory，见资料库 2.1）：一些原始部落中代代相传的情景记忆终将被文化的发展慢慢抹除，就像儿童脑海中五光十色的回忆会因岁月的洗礼日渐模糊。可见记忆的文化演化也是一种内卷：是残存的生物禀赋的不断消退。

秘鲁记事官通过习得与使用“编码”，能够访问巨量信息，甚至比非洲信使穷其一生所能记忆的还要多。这可不是因为他的脑子长得跟别人不一样。对秘鲁记事官内部记忆的要求——也就是他需要在大脑中加工的信息量——即便有，也要比对非洲信使内部记忆的要求低得多。秘鲁记事官能以更低的成本使用更多的信息，这些都要归功于结绳记事法这种基本的外部表征手段：人能识记的信息在类与量上都是有限的，但一套复杂的外部表征系统（比如，语言）

能记录各种类型的海量信息，而通过学习相应的“编码”使用这些信息的收益也会上不封顶。

资料库 2.1　记忆的类型 40

如今，心理学家们通常会区分三种记忆类型，这种三分法在鲁利亚和维果斯基的研究中并未言明，我谨在此用更现代的术语重述他们的观点。

（1）程序记忆（procedural memory）：指存储在记忆中的行动模式——它们是后天习得，而非与生俱来固定不变的。获得程序记忆就是记住该怎么做成你先前学会的事。因此，程序记忆有时也被称为程序性知识（knowing how；Ryle，1949）或习惯记忆（habit memory；Bergson，1908/1991；Russell，1921）。最典型的例子当属那些具身的技能，如骑自行车、弹钢琴或滑旱冰。程序记忆不涉及对过往事件的有意识的提取：即便已忘光了学会骑车前摔过的那些跟头，也不妨碍你今天熟练地运用这项技能。

（2）语义记忆（semantic memory）：指对事实的记忆（Tulving，1983）。比如，你可能记得瓦加杜古是布基纳法索的首都。乍看上去，“语义记忆”和“信念”之间的区别并不是很清楚：“相信”瓦加杜古是布基纳法索的首都和“记得”这个事实有什么不同吗？我们说一个人拥有信念或记忆，并不意味着他要有意识地提取或领会它们——也就是说，信念是倾向性（dispositional）的，而非发生性（occurrent）的。因此，语义记忆似乎只是信念的一个子集。并非所有的信念都符合语义记忆的标准。如果我看见一只猫趴在地毯上，据此“相信”有只猫趴在地毯上，这没问题，可要说我“记得”那只猫趴在地毯上就很诡异了。但是，任何语义记忆似乎都与某个信念具有“类同一性”（见资料库 1.1）：你不可能记得某事却不相信它——这似乎是矛盾的。

（3）情景记忆（episodic memory），有时也称“回忆记忆”（recollective memory；Russell，1921）。这个表述的含义相对比较模糊一点。通常，它指的是对个人过往生活中特定经历或事件的记忆（Tulving，1983，1993，1999；Campbell，1994，1997），但有时它也指对过往经验的记忆。比如，洛克（1690/1975，150）就将情景记忆理解成一种能力，它可以“恢复心灵过往的知觉，并将关于心灵‘曾经拥有这些知觉’的知觉附带上去”。布鲁尔也相信情景记忆能恢复个人在过去特定时刻的现象经验，随同着“我曾亲身经历该事件”的信念（Brewer，1996，60）。“情景记忆”这个概念的模糊性表现在：它其实没有区分主体经历的事件（the episode experienced）和主体对该事件的经验（the experience of the episode）。这不是件小事，但以一种较为复杂的方式做出解释也是可以的。

在鲁利亚和维果斯基看来，一个文化只要拥有了书面语言，其
41 成员的记忆和回忆就涉及内外部过程的动态互动，正如秘鲁记事官的例子。现代记忆系统的一个典型特征就是将部分记忆任务卸载到携带了信息的外部结构中去——这些外部结构中最常见且最重要的当属书面语言。至少对语义记忆来说，“记住”在很大程度上就意味着存储那些让我们得以“接入”身边无限丰富、无限多元的外部信息库的编码。

鲁利亚和维果斯基的记忆理论在本质方面很多都与前述生成主义

生态知觉理论一致。他们重视那些位于记忆主体以外且携带了与记忆任务相关的信息的结构。如果掌握了合适的编码，记忆主体就能对这些结构加以利用，从而减轻内部信息加工负荷。根据鲁利亚和维果斯基的解释，外部表征结构至少能部分地替代内部表征结构。因此，记忆主体以恰当的方式与世界的互动至少在某种程度上具有“笛卡尔认知科学”赋予心理表征的功能。梅林·唐纳德（Merlin Donald，1991）创造性地发展了这种观点以解释现代心智的起源。

5　神经网络和情境机器人学

过去的 20 年间，两大因素左右了机器人学的发展：一是认知的联结主义或神经网络模型（见资料库 2.2）；二是为认知过程建模时考虑主体与环境的互动——对环境因素或情境的操纵和利用。这两大因素并非互不关联。

资料库 2.2　神经网络模型 42

神经网络说到底是用来实现模式映射（pattern-mapping）的。所谓模式映射包括四种不同的过程：模式识别（pattern recognition）就是将给定模式映射到一个更通用的模式上；模式完善（pattern completion）就是将一个不完整的模式映射到同一模式的一个完整版本上；模式转化（pattern transformation）就是将一个模式映射到一个与它不同的相关模式上；模式关联（pattern association）则是随意地将一个模式映射到另一个无关的模式上（Bechtel & Abrahamsen，1991，106）。

一个神经网络由一系列节点或单元构成——它们大体等价于神

经元。每个节点都可以同其他多个节点相连。基本原理是：当我们激活网络中的一个节点时，它会将信号沿网络传递下去，对与它相连的其他节点的激活模式产生影响。但是，具体产生何种影响取决于至少三个变量。

首先是连接的强度：节点 A 与节点 B 的连接强度反映了 A 的激活能在多大程度上影响 B——即便它们彼此相连，A 的激活能传递给 B 的比例也可能不同，如一半或四分之一。当然，A 传递给 B 的激活也可能比它自己的激活强度更高，如 A 以强度 q 被激活，它传递给 B 的激活强度是 $2q$，等等。

其次是连接的性质：连接可能是兴奋性的，也可能是抑制性的。若节点 A 与 B 间的连接是兴奋性的，则意味着在其他条件相同时，A 的激活会导致 B 的激活，或者能提高 B 的激活强度（假如 B 正处于激活状态的话）——具体影响取决于连接的强度；若节点 A 与 B 间的连接是抑制性的，则意味着 A 的激活倾向于阻止 B 的激活，或者降低 B 的激活强度。

最后是节点的激活阈限：节点可能（当然不是肯定）只有在受到特定水平以上的刺激时才会被激活。因此，即便（比如说）节点 A 的激活被传递到节点 B 了，但只要传递给 B 的激活强度小于 B 的激活阈限 q，它就不会做出任何反应。

神经网络中的节点是分层排布的：有一个输入层和一个输出层，其他的则是隐藏层。节点间的连接既有层间的，也有层内的。

就我们的目的而言，神经网络所擅长的东西要比它们的技术细
43 节更能说明问题。特别是对某些类型的任务，神经网络表现得非常好，但在其他类型的任务中，它们的表现又非常差。神经网络模型

之所以备受关注，主要是因为它们擅长的任务正好是我们人类擅长或相对擅长的；相反它们不擅长的任务也会让我们人类挠头。在这一点上，它们与传统的符号主义系统正好相反——传统的“规则与表征”系统非常擅长那些对人类而言相当困难的任务，但在某些人类能轻松应付的领域，它们就力不从心了。这种对比暗示我们神经网络或许要比传统系统更贴近人类认知的现实。

大体上，人类与联结主义系统所擅长的任务，通常都能轻易还原为模式映射（识别、完善、转化和关联），包括视知觉/对象识别，归类/范畴化，从记忆/内存中提取信息，在不完全且不一致的多重限制/约束下解决问题。而人类和神经网络模型所不擅长的任务中最有代表性的当属逻辑数学运算和一般意义上的形式推理。

从神经网络的角度来看，诸如形式推理之类的任务之所以困难，是因为它们似乎没法还原为模式映射：推理所遵循的逻辑结构很难以模式映射的方式复刻出来。可是到头来，这个问题有点两头堵的意思：根据“规则与表征”进路，人类既然有能力实施形式推理，人脑中就必然存在心理表征和相应的转化规则，这些规则与表征同逻辑数学形式系统中的规则与表征相对应。既如此，人类为什么如此**不擅长**形式推理（如数学推理或逻辑演绎）就不好解释了。具体而言，如果认同传统进路，就很难解释我们在做形式推理时为什么会犯那么多错：假如形式推理的本质是根据规则操纵相关结构，而这些规则与结构都位于脑内，人类推理时即便做不到万无一失，至少也应该比我们的实际表现优秀得多。

44 神经网络方法则要面对截然相反的问题：解释人类为什么如此**擅长**形式推理。神经网络专精于模式映射任务，而形式推理无法还原为模式映射，因此神经网络似乎没法解释人类在形式推理方面已然到达的高度。简而言之，在数学与形式逻辑方面，人类的推理能力既不像传统方法所预测的那样出色，也不像神经网络方法所预测的那样不堪。

就我们的目的而言，关键在于联结主义理论将以何种策略解释人类的形式推理能力。对人类数学推理能力的一种解释是考虑大环境的作用：承认神经网络在环境中运行，并能以恰当的方式对环境加以利用（Rumelhart，McClelland & The PDP Research Group，1986）。以数学推理为例，对那些简单的运算，如 2 ×2 =4，大多数人只要练习得足够充分，就都能熟练到给出算式时直接“看出”答案来。鲁梅尔哈特等人相信，从“2 ×2 =”到“2 ×2 =4”的转化恰恰反映了一种模式完善——对神经网络而言，这当然是易如反掌的。但是对那些更复杂的推理（如 343 ×822），大多数人就没法一眼看出答案了。因此，我们选择利用某种“外部形式系统”将复杂任务还原为一系列简单任务的迭代（同见 Clark，1989）：我们将式子（竖式）列在纸上，对其实施一连串简单的模式完善（2 ×3、2 ×4，等等），并遵循一套成熟的算法将这些中间步骤的答案在运算过程中存储起来（记录在竖式中）。鲁梅尔哈特等人指出，假如我们拥有一套“嵌入式神经网络”（所谓“嵌入式”，指的是它运行在一个更大的系统中，后者能操纵外部的数学结构），则在面对多位数乘法任务时，在大脑内部实例化数学符号就并非看上去那样不可避免了。这种“嵌入式神经网络”的主要特征有：

(1) 需要一个模式识别装置，识别如“2”“×”“1/3”之类的外部结构。

(2) 需要一个模式完善装置，完善如“2×3=”之类已被识别的模式。

(这两套装置均能以神经网络形式轻易实现。)

(3) 需要具备操纵环境中的数学结构的能力。

举个例子，面对模式“2×3=”，“嵌入式神经网络”将有能力 45
对其进行完善，并将数字“6”记录下来。记录新的数字是关键的一步，因为数字“6”随后就将作为一个新的模式供该系统识别并完善，后续模式识别与模式完善又将进一步产生新的、有待识别与完善的模式，如此循环往复。

以这种方式，我们就将一个看似需要操纵内部数学符号的过程(多位数乘法)还原为内外部过程的耦合了——一方面是内部模式的识别与完善，另一方面则是对外部数学结构的操纵。因此，完成类似数学推理任务需要“两条腿走路”：同时涉及神经网络内部与外部的过程。但不论是内部还是外部过程，都无须预设神经网络会在内部实例化数学符号及相应的转化规则：内部符号和规则所扮演的角色在很大程度上被外部符号和规则，以及系统根据实际需要操纵这些符号的能力所取代了。最终，系统内部只需完成一系列模式识别和模式完善即可，而且这些操作都不是符号性的。

上述策略与前面谈到的知觉与记忆过程有许多共同之处：都涉

及将某些认知负荷卸载到外部世界中去。模式映射对人类认知系统的要求之所以相对较低，是因为它们似乎可以在这样一个系统中相当方便地实现。这样，我们就发现了一种用人脑更加擅长的内部过程替代特定类型的内部表征（数学符号及其他形式符号）的方法，其对认知现象的解释力源于承认有机体对周围环境的能动作用——这种弱化表征、强调行动的做法正是我们所展望的“新科学”的标志之一。

所谓情境机器人学正是上述基本理念的一种发展，这种发展需要区别克拉克（1989）所界定的两种微观世界：水平微观世界与垂直微观世界。一个“微观世界”就是一个有限定的研究领域。既然无法一劳永逸地理解智能，我们就需要一种方法来分解这个概念，让它更好消化。但这种分解有两种做法：垂直的分解是指每次取人类认知能力的一个方面作为研究对象，像“笛卡尔认知科学”的典型研究对象就包括人们如何生成英语动词的过去式、如何下棋或如
46 何计划一次野餐。这种做法多少有些问题，或许最明显的就是，在解决此类问题（也就是模拟垂直微观世界）时，我们会经常发现自己（无意中）采用了一系列简洁的、设计色彩浓厚的解决方案，这类解决方案与生物性的解决方案非常不同——后者经常需要使用现成的结构。正如克拉克（1997，13）所描述的：象棋大师们所倚仗的模式识别能力，其实是为识别配偶、事物与捕食者而演化出来的。但如果在研究人们如何下棋时想要寻求一种简洁的、设计色彩浓厚的解决方案，那我们几乎肯定不会优先考虑什么模式映射。

相比之下，一个水平微观世界指的是一种相对简单的生物的一

套完整的行为能力（不论这种生物是真实存在的，还是你想象出来的）。关键是，如果我们聚焦于水平微观世界，针对人类水平的智能的那些问题就能得到简化，而且是在坚持生物性的前提下得到简化。（生物性的例子包括利用现成的结构与解决方案、应对损伤、实时反应、整合感知和运动功能，诸如此类。）过去 20 年来影响最为深远的一系列机器人学与人工智能研究都致力于理解水平微观世界。

正是在这里，我们与一些和神经网络非常相似的事物相遇了。水平微观世界经常要由一种在某些关键方面类似于神经网络的架构——也就是所谓的“包容架构”（subsumption architecture）——来模拟：这里我们需要非常小心，因为包容架构重要的倡议者之一将其与神经网络做了谨慎的区分。罗德尼·布鲁克斯（Rodney Brooks）曾这样写道：

> 联结主义是神经网络传统近年来的具象化，专注于神经网络的学者们声称他们所使用的网络节点作为神经元的模型具有“生物意义”。但是，从真实的神经元发出的连接动辄数以千计，大多数人工神经网络中的连接数量如此贫乏，以至于它们真的很难当得起这样的赞誉。我们相信，当前研究选用的状态有限的网络节点是谈不上什么“生物意义”的。（1991，147）[3]

既然人工神经网络过于简单，声称它们具有“生物意义”就无疑是站不住脚的了。但是承认这一点并不能否认包容架构与神经网络模型间的相似性。与神经网络一样，一个包容架构也由分层的回路构成，各层级间相互沟通的手段不是传递复杂的讯息，而是交换相当简单的信号：比如当层级 A 处于某个特定状态时，相应的信号就会让层级 B“关闭”或“开启”。在这个意义上，将包容架构理解
47 为一种特殊类型的神经网络其实没有原则上的问题。但即便我们像布鲁克斯那样倾向于避免这种理解，也应该承认二者间存在某种深层的关联。

布鲁克斯应用包容架构设计了一系列简单的“生物”，它们由许多彼此独立、用于产生活动的子系统（或“层级”）构成。每一层级都完整地规定了一套特定的知觉输入—行动输出（这也是包容架构的特点）。这些层级间通过传递简单的信号互相沟通，信号或能增强（也就是激活）关联层的活动，或能干涉之，或能实现超越控制。（所谓“包容”，意思就是某一层级能以这种方式“容纳”另一层级的活动，但无法以更复杂的方式彼此沟通。）

以这种方式设计的“生物”可能由这样一些层级构成（Brooks，1991，156）：

层级 1：借助一圈超声波传感器实现避障。如果有什么物体挡在了“生物”（移动机器人）的正前方，后者的移动就会停止，并搜索一个畅通的方向。

层级 2：如果前避障层没有被激活，“生物”搭载的一台设备就会让它循随机的移动轨迹漫游。

层级 3：这一层级能实现对“漫游层”的超越控制，设置一个远处的目标，让“生物”移动到新的地点。

层级可以像这样添加，每添加一个新层级，都相当于为“生物”

添加了一套完整的新功能。这样的“生物”不需要中央控制器，不需要加工单元，也不需要数据存储机构。相反，它们是被一系列相互竞争的行为所驱动的，这些行为本身又是被源于环境的输入所激活的。对这些“生物”来说，知觉与认知间的界线是模糊的，也很难说知觉代码是在哪里转化成中枢代码，并由它们搭载的设备所共享的。更准确的说法是，这些“生物”借助某些基本行为反应受环境本身的指导，自然而然地获得了“适应性”。

传统笛卡尔认知科学对系统的解构是基于垂直微观世界的，包容架构则刚好相反，它们并不致力于将系统还原为局部的（即“垂直”的）功能或“官能”（faculties），而是根据全局性（即“水平”的）活动或任务解构系统。正如布鲁克斯所说：

> 这种替代性的解构方式不区别中枢系统和诸如视觉系统之类的外围系统，相反，对智能系统的基本的分解是在一个正交的方向上
> 进行的——将系统分解为产生子系统的各种**活动**。如果一套活动或 48
> 行为描绘了一条连接感知与行动的通路，它们就可称为一个层级。一套活动就是一套与世界互动的模式，在这个意义上，我们也可以将这种活动模式称为“技能”。（Brooks，1991，146）

其中的关键是：这些层级产生的活动模式预设了系统所处的环境。事实上，如果不考虑环境因素，活动就无意义可言。每一层级所对应的活动都是一套与环境密切互动的模式，它们也只能这样去理解。因此，某种活动之所以能成其为“智能的”，其对应的环境结构至少与其所产生的层级的内部结构具有同等的重要性。

再次强调，我们相信上述解释具有构成所谓“新科学”的一众理论所共有的特点：既弱化了表征，又强调了行动。以传统笛卡尔认知科学的思路设计适应性的“生物”或移动机器人，需要赋予它们一系列表征和相应的规则，让它们知道在相应的表征产生时该做些什么。布鲁克斯等人所采用的方法就没有采用这种思路：他们的移动机器人是建立在包容架构的基础上的，该架构的每个层级都是一个功能完整的神经网络，移动机器人的所有能力都可解释为它在以正确的方式利用环境中的结构。如此依赖，传统意义上的表征就不在行动中发挥什么作用，这类概念也就没有必要使用了。布鲁克斯就曾有过如下广为人知的论断：**世界就是它自身最好的表征**。

6 结论

我们已经检视了构成所谓“新科学”的一系列理论，但既不细致，也难言完整。比如，对认知科学的动力学进路（van Gelder, 1994）我们就完全没有涉及，而这方面的讨论对儿童心理的情境化的发展具有强大的解释力（Thelen & Smith, 1994）。然而，就我们的两点目的而言，现有理论已足够说明问题了：其一，我们已展示了大量致力于探索心理过程实质的科学实证研究，它们并未采用传统的、基于规则与表征的笛卡尔方法；其二，我们已大体标识了传统的规则与表征进路及其一系列替代性理论间的差异。相对于传统方法，这些替代性理论——不论它们是否真有那么“新”——无不弱化了表征而更强调行动，或者说，对行动的强调弥补了表征的弱化导致的解释力方面的不足。

正是对行动的强调让这些替代性理论成其为“非笛卡尔的”——至少表面上是这样的。在这种强调的背后是一种对认知过程，或许也包括其他各类心理过程的新观点：它们并非完全发生在有机体的大脑内部，而是在有机体作用于“脑外世界”（既包括它们的身体，也包括更广阔的环境）的过程中得以实现的。

但到目前为止，我们的观点还很不清楚。下一章，我们将尝试描绘“新科学”的更多细节。

第3章

具身、延展、嵌入与生成的心智

51 1 笛卡尔认知科学重述

传统认知科学是笛卡尔心智观的延续，后者主张心智完全位于给定主体（人或任意有机体）的头脑之中，其本质就是心理表征和针对这些表征的操作。换言之：

(1) 认知过程是对特定结构的操纵和转化，这些结构携带了关于世界的信息。

(2) 这些携带有信息的结构就是心理表征。

(3) 心理表征位于认知的有机体大脑之内。

心理表征通常被等同于大脑状态，或者由大脑状态实现的高级功能特性。不论怎样解读，心理表征都是存在且仅存在于大脑内部的东西，对它们的操纵与转化也都是大脑内部的过程。既然认知过程无非就是对心理表征的操纵与转换，那它无疑也就只发生在脑内了：认知过程就是大脑运行的过程，或是由大脑运行的过程排他实现的。当然，对心理表征的操纵与转化不是随机的，而是根据某些原则或规则进行的。因此，上述笛卡尔心智观有时也被称为理解认知的规则与表征进路。不论是表征还是针对表征的操纵与转化所依循的规则，都由中枢神经系统排他实现——它们是认知的有机体纯粹的脑内过程。

但认知科学的某些发展方向在不同程度上偏离了表征与规则进 52
路。举个例子，人们通常认为在神经网络方法或联结主义图景中，“规则”这一成分——至少是我们一贯以来所理解的“规则”——已然被抛弃了。有些学者（包括联结主义的支持者与批评者）甚至认为“表征”成分对神经网络而言也不再是必需的了。但我认为更准确的说法是：神经网络修正而非抛弃了表征这一指导思想。

但就我们的目的而言，经典笛卡尔认知观和联结主义方法间的上述区别其实无关紧要，因为它们有一个共同的假设，这也让它们一同成为本书致力于批判的对象：即便我们抛弃规则与表征的说法，转而关注神经集群的分布式激活模式，我们谈论的依然是那些大脑内部的结构和过程。这就是“笛卡尔认知科学”与联结主义方法的共识：不论怎样理解认知，它们都认同其完全发生在认知的有机体脑内。而“非笛卡尔认知科学”（根据定义）致力于批判的正是这一共识。

但如前所述，我们的“新科学”由不同的分支构成。即便这些分支确实都反对认知过程完全位于脑内的假设（我们已在第 1 章最后部分开始质疑能否对它们一视同仁），这些反对也有十分不同的方式和理由。因此接下来，我们将细致检视“4e”，即具身、延展、嵌入和生成的观点。

2 具身心智

首先回顾一下本书开篇关于心灵/心智内涵的告诫。我们中许多人都一贯倾向于认为心灵或心智居于各种心理状态和心理过程幕后，将它们捏合在一起，是它们“所属的”某种东西。如果我们以这种方式理解心智，那么认知科学——不论它是否是笛卡尔式的——就不是关于心智的，而是关于心理过程的科学。当然，如果我们认为心智只是大量心理状态和心理过程构成的网络，情况就不同了：基于这种休谟式心智观的认知科学（休谟的观点或许与之类似）的确
53 算得上是一门关于心灵或心智的科学！[1]然而，既然我们对心智是否是休谟式的尚无任何共识，我将继续认为我们的“新科学”在根本上就是一门关于心理状态和心理过程的科学。因此，所谓“具身心智”更准确的叫法应该是“具身心理过程”。这有些咬文嚼字，所以我将沿用“具身心智”的叫法，但要记住，“心智”在这里指的就是心理过程，而不是我们许多人一贯以来认为的那种东西。

根据上述主张，至少有某些（是某些，而非所有，这一点很重要）心理过程是由大脑的运行过程与身体结构和身体性的过程共同构成的。这种见解的代表人物是夏皮罗（Shapiro，2004）和达马西奥（Damasio，1994）。这里将集中讨论夏皮罗的观点，因为我认为它们与本节的关联更为密切，也就是说，夏皮罗为我们理解具身心智

的具体主张提供了概念基础。

夏皮罗（2004）坚定地批判了他所谓的“可分离性主张”（separability thesis，ST），根据这种主张，身体对心智并非本质上不可或缺的。人类的心智完全可以存在于非人类的身体之中。夏皮罗持有的是“具身心智主张”（embodied mind thesis，EMT），即“心智从根本上反映了容纳它们的身体”，因此“基于有关心智特性的知识预测容纳该心智的身体有何特性，通常是可能的”（Shapiro，2004，174）。本质上，夏皮罗的 EMT 背后是如下主张：

> 若无身体的贡献，心理过程就是不完整的。比如对人类而言，视觉过程就涉及身体特征……知觉过程包括身体结构，也取决于后者。这意味着对各类知觉能力的描述不能持“身体中立”的态度，还意味着一个身体结构与人类不同的有机体不可能拥有人类的视觉和听觉经验。（ibid.，190）

举个例子，在加工深度视觉信息时，大脑需要仰仗双目视差。如果你有不止两只眼睛，或不到两只眼睛，抑或两只眼睛的间距和现在不同，大脑利用视差计算对象空间深度的运行过程就必然和现在的大不相同：“人类视觉需要人类身体”（ibid.，191）。对其他知觉能力而言，情况也是这样。人类的听觉系统是根据双耳间的距离
“校准”的，双耳间距让外来声音会在略微不同的时间点到达双耳， 54
这种些微的差异就携带了声源位于听者哪个方向的重要信息。可见大脑为判定声源的方向，是要使用双耳间距并据此“校准”的——改变这个间距就意味着改变大脑的校准方式。此外，头部有其特定

尺寸和密度，声音要透过这个结构，才能被听觉系统所接收，也进一步证明了探讨知觉能力时不能脱离身体特征。

夏皮罗在描述其 EMT 主张时曾做过一个类比（ibid.，185ff.）。想象一艘潜艇，驾驶它要依据操作手册。一份操作手册当然专门适用于特定艘号的潜艇。尽管某些设备或许有所重合，但基本可以确定潜艇的操作手册没法用来开飞机。世界上不存在"通用操作手册"这种东西，提供"可迁移技能"，让我们一册在手既能上天，又能下海，还能入地。夏皮罗指出，潜艇的操作手册就像心智活动的底层算法，也就是说，大脑要想以"适当的"方式运行，它使用的规则（那些用于操纵和转化心理表征的规则）必然取决于它们在一个什么样的架构中实施或实现。夏皮罗指出，这个架构不仅包括大脑本身，还包括完整的身体——在某种程度上，大脑借以操纵与转化心理表征的规则以某种重要的方式取决于容纳它的身体。所谓"具身"或"体化"就是这个意思。事实上，夏皮罗指出，上述类比其实还不够深刻，因为它有一个重大缺陷："潜艇操作手册上记载的信息是不会改变的，即使潜艇被摧毁了，操作手册上的指令原先是什么样，之后还会是什么样。"（ibid.，186）但是，人类认知的"操作手册"没有了（部分地）参与其实施或实现的身体结构，就没有意义可言。夏皮罗认为 EMT 挑战了"身体中立"，即"身体对我们所拥有的心智而言无足重轻"的主张，以及另一个与身体中立相关的主张："作为一套程序，心智可从它所由实现的身体/大脑中抽象出来加以刻画。"（ibid.，175）

夏皮罗援引更加宽泛的身体结构来解释认知过程的实质，反映了一种非常典型的具身心智观。但是，对夏皮罗的主张，至少存在三种不同的诠释，而且其中一种要比另外两种“强”得多。第一种属于哲学家所说的“认识论诠释”。在这里“认识论”的意思大致是“与我们的知识和我们对事物的认识有关”。若以这种认识论的方式诠释夏皮罗的主张，结论就是：若不理解认知过程所处的宽泛身 55
体结构，我们就不可能理解认知过程的实质。[2]比如，若不考虑①大脑与双耳相连，②双耳彼此间隔一定的距离，③通常一个声音到达双耳的时间点会有些微差异，以及④到达时间的差异携带了关于声源方向的信息，我们就没法理解大脑如何计算声音的来向。撇开上述事实不谈，我们就不可能理解大脑如何听声辨位——因为如果这些事实发生了变化，大脑听声辨位的运行逻辑也必然要变。举个例子，如果我们只有一只耳朵，没法利用双耳接收声音信号的时间差，大脑要听声辨位就不得不尝试些别的法子了。

这种对 EMT 的认识论诠释还算有力，但对传统认知观确实还构不成太大的威胁。比如，它与“真正意义上的认知过程发生在脑内”的主张就是兼容的。我们完全可以继续坚持认知就是对神经表征的转化，只是要加上一个限定条件：要理解特定情况下的特定转化过程，我们得理解这些转化嵌入怎样的身体结构之中——后者构成了这些认知过程所处的身体性的情境。要理解认知过程，就得理解其情境，但这并不意味着对认知过程与身体情境不加区分。你也许会坚持认为“真正意义上的”认知依然发生在脑内，这种想法与对 EMT 的认识论诠释也是兼容的。

对 EMT 第二种可能的诠释属于哲学家所说的“本体论诠释”，

在这里“本体论”的意思大致是“与事物本身有关”（而非“与我们对事物的认识有关”）。根据这种诠释，EMT 的主张可解读为：认知过程依赖于完整的身体结构，唯有与这些结构结合或协同才能正常运行。缺乏合适的身体结构，有机体正常的认知任务就没法悉数完成，因为完成这些任务所涉及的过程离不开缺失的结构。我们可以用不同的方式理解这种依存关系，其中之一是将其理解为一种关
56 于认知过程实质的“或有主张”：**某些**认知过程是这样的，它们的正常运行依赖于完整的身体结构，但不是非要这样——认知过程是可以独立于身体结构的，只是这些认知过程恰好没有独立于身体罢了。另一种理解是，某些认知过程依赖于身体结构是一个“必然主张”。这里“或有主张”与“必然主张”的区别是前者主张这些认知过程只是“没有”独立于身体结构，而后者主张它们“不能”独立于身体结构（见资料库 3.1）。根据这种“必然主张”，EMT 的立场是某些认知过程原则上只要脱离了完整的身体结构运行就不可能正常运行。也就是说，某些认知过程之所以在特定身体情境中发展起来，是因为若无该身体情境，它们就不可能发展起来。我强烈怀疑：将或有性的依存关系拔高为必然性的依存关系有些太绝对了，但这还不是一个我们立马就需要做出裁定的问题。

对 EMT 这种强调依存性的诠释也有其说服力，但其仍未动摇传统认知观的根基。即便承认某些认知过程依赖于身体结构，我们依然可以坚持说“真正意义上的”认知完全发生在脑内。或许它们的正常运行确实依赖于身体结构与身体过程，但没有理由认为这些身体结构与身体过程也是认知的一部分。**依存**关系，即便是**本质性的**

依存关系也和**构成**关系不一样——后者要“强”得多。[3]晒伤（本质上）依赖于暴晒，因为除非是由于暴晒，否则皮肤变黑、发红或脱落就不叫晒伤。但这并不意味着太阳辐射“构成了”晒伤，或可视为晒伤的一部分（Davidson，1987）。

在许多情况下，环境都驱动了认知过程，也就是对后者做出了因果性的贡献。这是显而易见的。但我在第 1 章就曾论及，要挑战笛卡尔心智观，仅指出这一点并不够。认知过程依赖于环境因素——之于笛卡尔心智观的拥趸们，这一主张完全无伤大雅。即便我们尝试强化认知与环境间的关联，如主张有些认知过程被设计为只能在特定环境背景中运行，也无法触及笛卡尔心智观的根本，即认知过程完全发生在脑内。不妨把话讲得更明白一点，我们可以修正戴维森所举的 57
“晒伤”一例：假设皮肤只有暴露在特定环境（强烈的紫外线）中才能产生被称为“晒伤”的症状，因为这些症状被设计为应对过量紫外线辐射的保护机制。即便如此，晒伤依然发生在皮肤中，也只在皮肤中（Davidson，1987）。因此即便认知过程依赖于，甚至在本质上依赖于环境背景，也不妨碍笛卡尔心智观的拥趸们主张认知过程只位于认知主体的脑内。可见对 EMT 强调依存关系的本体论诠释有其局限性——即便认知过程“在本质上”依赖于身体结构与背景，我们也无法据此否认认知由大脑本身“排他”地实现。

对 EMT 的第三种诠释，也是最“强”、最有趣味的一种诠释依然属于本体论诠释，但这种诠释强调的不是依存关系，而是构成关系。[4]根据这种诠释，认知过程不应局限于由大脑实例化的结构与操作，同时还包括了身体性的结构和过程。这些身体性的结构和过程部分地构成了认知——它们是认知过程的成分。这种对 EMT 的诠释较先前两种都更加有趣，因为只有这种诠释对笛卡尔认知观（即认知过程由认知主体的大脑排他实现）发起了直接的、根本性的挑战。如果这种诠释是正确的，那么回到夏皮罗的例子，双耳间距和声音到达双耳的时间差就都参与构成了对声源方向的计算，因此可视为该认知过程不折不扣的一部分：它们不是认知所依赖的外部因素，而是认知过程真正的构成成分。

这种诠释要比认识论诠释和强调依存性的本体论诠释“强”得多。正因如此，它面临的挑战也要有力得多。要维护这种诠释，就要回到我们在第 1 章结尾部分曾提及的“大问题”：既然 EMT 的主张可以被理解为认知过程依赖于身体结构，那么，我们有什么理由（假如确有理由的话）将它们间的关系拔高为构成性的？认知过程的正常运行确实有可能依赖于身体性的结构和过程，但有必要迈出更激进、更不直观的那一步，将这些身体结构与过程视为认知过程的
58 构成成分吗？既然强调依存性的诠释已能协调笛卡尔式的直观与建立在这种直观上的传统认知科学（至少在相当程度上是这样），采纳构成性的诠释似乎就既无必要，又动机不明了。更重要的是，这种更加激进的诠释内涵多变，有些反复无常。[5]

尽管如此，我们仍将致力于维护这种诠释。我将指出身体性结构与过程的确参与构成了某些（当然不是全部的）认知过程。

3　延展心智

“延展心智”（extended mind）有许多不同的称谓，像“载具外部主义”（Hurley，1998；Rowlands，2006）、“积极外部主义”（Clark & Chalmers，1998）、“区位外部主义”（Wilson，2004）和“环境主义”（Rowlands，1999）。“延展心智”的提法本身则是安迪·克拉克和大卫·查尔莫斯（Dave Chalmers）在合作发表于 1998 年的同名论文中首次使用的。我认为上面所有的称谓都有自己的问题，“延展心智”也不例外，但相对而言，它已经是最为忠实于本意的了，因此我将在本书中沿用这个提法。但是，我所说的“延展心智”与克拉克和查尔莫斯使用同一个术语时想要表达的意思至少在一个关键的方面有所不同。

首先，我将声明在本书中“延展心智”是什么意思。我的大体立场是：至少某些心理过程——并非全部，而是“某些”——会延展到认知的有机体所在的环境中，因为这些心理过程部分地（在我看来也是或有性地）由该有机体作用于周围环境的宽泛意义上的行动所构成。

上面所说的心理过程主要是**认知**过程，我所关注的（至少是目前关注的）都将是它们。借助行动，有机体可以作用于周围环境，操纵、利用及转化外部结构。这些外部结构的独特之处在于它们携带了与完成特定认知任务有关的信息。通过以恰当的方式作用于这些结构，认知的有机体得以让相关信息对自身及其后续认知操作

“可用”。也就是说，认知的有机体作用于外部结构的行动的功能，就是将这些结构携带的信息从仅仅（在结构中）“存在”转化为
59 （对有机体及其后续认知操作）“可用”。如此，根据延展心智的主张，行动就（作为真正意义上的“认知性的成分”）参与构成了认知过程。我对延展心智的理解与认同也是针对这一主要观点的：某些认知过程（部分地）由认知的有机体对其所在环境中（承载信息的）结构的操纵、利用和转化所构成。也就是说，对“延展心智”可做如下定义：

（1）知觉、记忆、推理的过程（很可能还包括经验）都与信息有关，而世界正是信息重要的外部存储库。

（2）认知过程是混合式的——既包括内部操作，也包括外部操作。

（3）外部操作要依靠宽泛意义上的行动，也就是对环境结构的操纵、利用和转化。这些环境结构携带了与完成给定任务有关的信息。

（4）至少某些内部过程涉及赋予主体在环境中恰当地使用相关结构的能力。

因此，在我看来，延展心智的主张是本体论的、部分的、或有的、构成性的，而且仅对某些心理过程而言。[6]

之所以说它是本体论的，是因为延展心智的主张与心理过程本身有关，而不是一种关于“我们如何理解心理过程”的认识论观点。当然从这种本体论主张出发，我们能得出以下认识论结论：若不理

解有机体能在多大程度上操纵、利用和转化环境中的相关结构，就不可能理解（至少）某些心理过程（Rowlands，1999）。但上述认识论结论不属于延展心智的主张，事实上，它与对延展心智的反对意见也是兼容的。[7]

之所以说它是部分的，是因为延展心智强调（某些）心理过程“部分地”由对环境结构的操纵、利用和转化构成。任何心理过程总有不可还原的内部神经成分（有时还包括身体性的成分），延展心智从不主张仅凭对环境的操纵、利用和转化就能构成心理过程。[8]

之所以说它是或有的，是因为尽管延展心智的主张可以理解为 60
在阐述一种关于心理过程的必然事实，即必然可以说某些心理过程（部分地）由对环境结构的操纵与转化构成（见资料库 3.1）[9]，也不建议大家这样去理解。我们将指出，延展心智主张的基础是某种开明的功能主义，[10]而开明的功能主义原本就对实现同一（类型的）心理过程的不同方式持开放态度。将延展心智的主张视为一种关于心理过程的“必然主张”将无异于自挖墙脚。

之所以说它是构成性的，是因为延展心智是关于（某些）心理过程的构成的主张。构成关系与依存关系非常不同，因此延展心智的主张也就比“嵌入心智”（见第 4 节）更强、更特殊。根据嵌入心智的主张，某些心理过程只运行在——事实上是“只能”运行在特定环境结构之中，一旦脱离该结构就无法运行，或者即便能够运行也不具备其正常功能。根据这种主张，这些心理过程依存于环境，而且这种依存关系可能是“本质性”的。延展心智则不仅强调这种本质性的依存关系，以及主张心理过程受大环境的“脚手架”支持(且后者对心智举足轻重)，还声称我们在该“脚手架”支持下的行动部分地参与了（某些）心理过程的构成。[11]

资料库 3.1　必然主张与或有主张

说一个陈述（若其为真）是“必然”的，大体上意味着：事情是这个样子，而且只能是这个样子。因此该陈述不仅为真，而且必然为真。说一个陈述（若其为真）是“或有”的，意味着尽管该陈述为真，其亦可能为伪：事情正如该陈述所描述的样子，但并非只能是这个样子。

在本书中，我将视延展心智的主张为一种或有主张：某些认知过程包括了操纵、利用和转化环境结构的过程，但认知过程并非只能是这个样子。它们可以是纯粹的内部神经事件，只不过它们事实上不是——至少某些认知过程事实上不是。有些人或许会希望将延展心智的主张强化为一个必然主张，但我并不认同。我相信一旦强化该主张，就无法为其加以辩护了。

61 我相信延展心智的独特性与重要性在很大程度取决于其能否被理解为一个涉及心理过程的构成关系（而不仅仅是依存关系）的本体论（而非认识论）主张。这也是我本人对延展心智的理解。你也许会认为这种理解源于克拉克与查尔莫斯的论文（1998，见资料库3.2)，但我的主张至少在侧重点上与他们有所不同。除此以外，这两个版本的延展心智观有无其他差异尚不清楚，因此对二者做一番比较是很有必要的。

关于克拉克与查尔莫斯的主张，一种常见的理解是，Otto 在笔记本上记录的条目“现代艺术馆位于第 53 大街”与 Otto 关于现代艺术馆位于第 53 大街的信念具有同一性。这种理解可能过于简单化了。更准确的理解是，克拉克与查尔莫斯认为当且仅当笔记本上记录的条目以正确的方式被 Otto 使用，它才能算是 Otto 的信念。正如克拉克与查尔莫斯所说，我们必须坚持以下指导原则：

假设我们在面对特定任务时，世界的某个部分作为一个过程发挥作用。若这个过程在大脑中完成，我们会毫不犹豫地将它视为认知过程，那么（我们认为）世界的这个部分就属于认知过程的构成成分（1998，8）。

但作为指导原则，这个说法太不清楚了。如果“世界的某个部分”对 Otto 来说就是他记录在笔记本上的那个条目，我们就得问：“这个条目如何作为一个过程发挥作用？”这种令人困惑的说法似乎可以有两种解释：

（1）Otto 笔记本上的条目在以恰当的方式被 Otto 使用，并因此处于恰当的心理状态与过程（Otto 知觉到这个条目，而且有看展览的想法，等等）的情境中时，成了 Otto 的一个信念。这种解释其实将一个认知状态的“例”——一个信念——等同于一个外部结构（笔记本上的一个句子）了。

（2）操纵或利用该条目的过程构成了一个完整认知过程的一部分。该“完整认知过程”指的是回忆或相信某个事实。“操纵”包括将笔记本翻到该条目所在的一页并将它举到 Otto 眼前供其“检测”，这个过程其实将句子中包含的信息从仅仅是“存在”转化为对 Otto 及其后续加工操作而言“可用”了，对这个条目的操纵也因此构成了 Otto 回忆或相信“现代艺术馆位于第 53 大街”这一完整过程的一个“认知性”的成分。[12]

62 **资料库 3.2　Otto 的奇特案例**

Otto 的案例是克拉克与查尔莫斯（1998）设计的一个经典的思维实验（说它“经典”，其实历史并不算长）。Otto 患有阿尔茨海默病(尚在早期)，他的朋友 Inga 则没有。一天 Inga 从报纸上读到一则广告，说现代艺术馆正在举办一场展览，她很有兴趣一探究竟。稍事回忆后，她想起现代艺术馆位于第 53 大街，于是出门朝那儿走去。这种情况下说 Inga 拥有“现代艺术馆位于第 53 大街”的信念，而且她在开始回忆前就拥有这样的信念似乎是没问题的。只不过在回忆前，这个信念尚未“出现”或“发生”。我们的大多数信念都是如此——在任意给定时刻，我们其实都意识不到自己拥有它们。我相信现代艺术馆位于第 53 大街，但我只有在想到这个思维实验时才有意识地拥有这个信念。大多数时间里，我们的信念都以一种倾向的形式存在，表现为我们在特定情况下倾向于做一些事、说一些话。在 Inga 有意识地访问自己的记忆之前，她的信念就表现为这种倾向性，而她之所以会表现出特定的倾向性，是因为有相应的信念埋藏在记忆中的某处等待被访问。

Otto 则不同。像许多阿尔茨海默病患者一样，他的日常生活要依赖环境包含的信息：不管去哪儿，Otto 都要随身携带一个笔记本，如果他接触到了一些新的、他认为足够有价值的信息，就会将它们记录在本子上，需要用到的时候，只要翻阅一下就行了。Otto的笔记本在某种意义上为他扮演了通常要由（基于大脑的）生物学记忆所扮演的角色。Otto也读到了报纸上的广告，也想要去看展览，于是他翻阅笔记本，笔记本上的条目告诉他现代艺术馆位于第53大街，于是他也出门朝那儿走去。

在克拉克与查尔莫斯看来，既然Inga在提取记忆之前就已拥有“现代艺术馆位于第53大街”的信念，“我们似乎就有理由认为Otto也拥有同样的信念，而且他在翻阅笔记本之前就已拥有该信念了”（1998，12）。

根据他们的说法，这是因为以上两种情况在一切相关方面完全对应：笔记本对Otto的作用恰如（生物）记忆对Inga的作用；笔记本中记录的信息恰如构成尚未“出现”或“发生”的普通信念的信息，只不过这些信息碰巧位于皮肤的界线之外罢了。（1998，12）

Inga读到报上的广告，想要去看展览，想起现代艺术馆位于第53大街，于是朝那儿走去。同样Otto也读到报上的广告，也想要去看展览，翻阅笔记本后知道现代艺术馆位于第53大街，于是也朝那儿走去。笔记本上的条目“现代艺术馆位于第53大街”在Otto心理 63
生活中的作用似乎与相应的信念在Inga心理生活中的作用相同。也就是说，Otto笔记本上的条目与他的欲望（比如，想去看展览）相互作用的方式和Inga的信念与她的欲望相互作用的方式是一样的，而且它们产生了完全一样的行动：Otto和Inga都朝第53大街走去了。因此，克拉克与查尔莫斯问：“我们有什么理由不将Otto笔记本上的条目视为他的信念呢？”他们声称：否认这一点是没有正当理由的，Otto的信念不仅存储在他的大脑之中，还记录在他的笔记本上。这一点不仅适用于Otto，也适用于我们所有人。

第二种解释声称对外部结构的操纵、利用和转化是一个完整认知过程的不折不扣的认知性的成分，但没有将受操纵的结构视为一个认知状态。这与本书所致力于维护的延展心智的主张是兼容的。我相信我们完全有理由拒绝第一种解释，对此有不同见解的读者请参阅资料库3.3。

我所支持的延展心智符合过程外部主义而非结构外部主义，完全根据过程构建，几乎不关心认知状态。我相信这才是对延展心智最好的解读：它是一种对心智的过程导向的解释。因此在我看来，笔记本上的条目“现代艺术馆位于第53大街”和Otto的信念并不一样，不管他怎么使用这条记录，也不管他处于何种心理状态与过程的情境之中。

这种延展心智的主张不应解读为“环境中的结构可视同认知状态”，确切地说，这种主张就没有提及认知状态，一点儿也没有。它关心的是认知过程，声称某些认知过程（部分地）由对外部结构的操纵、利用和转化构成。或者说，我们对外部结构的操纵、利用和转化可被视为完整认知过程不折不扣的认知性的成分。当然，这种见解与“环境中的结构参与构成了认知过程”的主张是兼容的。这些“环境中的结构”并不等同于认知状态，但对它们的操纵构成了认知过程——只有在被操纵时，这些结构才能被视为该操纵过程的一部分。

64 **资料库3.3　对延展心智的不当理解**

许多人都认为克拉克与查尔莫斯（1998）在论文中像这样维护自己的立场：

（O）条目“现代艺术馆位于第 53 大街”在合适的情况下可视同 Otto 的信念。

大体上，“合适的情况”指的是当这个句子被 Otto 以合适的方式使用时（这种使用也要求 Otto 从事合适的内部加工操作）。我其实不认为（O）就是克拉克与查尔莫斯的主张，甚至不认为他们有这样想过，但目前这个问题且放在一边。事实上，他们的这种理解是非常普遍的。比如，杰瑞·福多（Jerry Fodor）就在一篇重要的综述（Fodor，2009）中谈论了克拉克出版于 2008 年的《拓展心智》（*Supersizing the Mind*）一书，关于克拉克与查尔莫斯的立场，他写道：“既然 Otto 笔记本上的内容是衍生性的（衍生自 Otto 的思想和意向），其条目的内涵性就不支持它们是 Otto 的心智的一部分。”换句话说，Otto 笔记本上的条目不是信念，因为和信念不同，它们的意向性只是衍生性的。这种批评只有在我们假设克拉克与查尔莫斯确实将 Otto 笔记本上的记录等同于其（某些）信念时是有效的。我希望他们没这么想（这其实不好说），因为这种想法站不住脚。不过这并不意味着我们必须反对延展心智的立场，因为对它的另一种理解要远为合理。

延展心智的主张是关于心理项（mental items）作为“例”，而非“类”的主张，首先关注的是心理项的位置，但并没有明确心理项作为“类”的位置（假如真有这样的位置的话）。因此，（O）其实是将一个句子的“例”（Otto 笔记本上的一条文字记录）与一个信念的“例”等同起来了。我认为这种做法大有问题，因为句子的“例”不是那种能与信念的“例”等同起来的东西。说到底，（O）在逻辑上是行不通的。

要讲明白这一点，我们先检视一下“例”这个概念。首先，“例”

是时间确定且不可重复的。维苏威火山于公元79年的爆发与它此后的任何一次爆发都不具有“例同一性”。一个“例”发生后就不会再次发生。其次，“例同一性”具有可传递性：若例 x = 例 y，且例 y = 例 z，则例 x = 例 z。(O) 的问题在于它无法满足这两个条件。

65 现在，假设 Otto 以一种满足克拉克与查尔莫斯要求的方式使用他的笔记本，则根据 (O)，以下主张就是成立的：

(1) 句子的“例”——“现代艺术馆位于第53大街”与 Otto 关于现代艺术馆位于第53大街的信念的“例”是等同的。

但是，我们可以假设另一个人也以一种满足克拉克与查尔莫斯要求的方式使用了同一本笔记本。比如，假设 Inga 也不幸患上了阿尔茨海默病，为图省事，她决定就用 Otto 的本子。只消在原先条件的基础上稍加修改，我们就能设计出满足要求的情境。比如，我们可以假设 Otto 每次翻阅笔记本的时候，Inga 都在他身边看着，并有意识地提取了 Otto 读到的记录；还可以假设 Inga 和 Otto 都能在需要的时候翻阅这本笔记（我其实不想强调这些特殊情况，因为即便 Inga 不能像 Otto 一样以满足克拉克与查尔莫斯要求的方式使用这本笔记，在 Otto 重复翻阅这本笔记时，也会产生同样的问题），此时 (O) 似乎会迫使我们承认：

(2) 句子的“例”——“现代艺术馆位于第53大街”与 Inga 关于现代艺术馆位于第53大街的信念的“例”是等同的。

但根据“例同一性”的可传递性，这就意味着 Otto 的信念的“例”可等同于 Inga 的信念的“例”。注意，这不是说 Otto 与 Inga 拥有同一个信念“类”的两个“例”，而是说这两个人拥有同一个信念的“例”。假如“例”是时间确定且不可重复的事物，这无疑就是说不通的。

克拉克与查尔莫斯可以通过设置条件，如规定除 Otto 外的任何人都不能以恰当的方式使用他的笔记本来规避这种可能性。我不确定这种规避是否有效（前面已经提到过），但在这里不再深入探讨。即便这种策略是有效的，它也只规避了一种可能性，依然会产生以下问题：假设 Otto 在给定时间点 t 以“恰当的方式”使用了笔记本，则根据（O），其查阅的句子的“例”等同于他的一个信念，那么：

（3）在时间点 t，句子的“例”——“现代艺术馆位于第 53 大街”与 Otto 关于现代艺术馆位于第 53 大街的信念的“例”是等同的。

但 Otto 既然能在时间点 t 查阅笔记本，就没有理由不能在时间点 t^* 再查阅一次，那么：

（4）在时间点 t^*，句子的“例”——“现代艺术馆位于第 53 66
大街”与 Otto 关于现代艺术馆位于第 53 大街的信念的“例”是等同的。

再一次，根据“例同一性”的可传递性，Otto 在时间点 t 的信念的“例”等同于他在时间点 t^* 的信念的“例”。同样，这不是说 Otto 拥有同一个信念“类”的两个“例”，而是他在两种不同的情况下（即两个不同的时间点）拥有同一个信念的“例”。我们已经知道这是说不通的：“例”是时间确定且不可重复的事物。换言之，（O）得出了一个不可接受的结论：同一个信念的“例”能被同一个主体在不同的时间点（或被一个以上的主体在同样的或不同的时间点）所拥有。这在逻辑上是行不通的，因此我们只能拒绝接受（O）。

到底是哪里出错了？上面提到的句子的“例”是 Otto 笔记本上

的一条文字记录，能被 Otto 在不止一种情况下使用。但在所有这些情况下该句子都具有“例同一性”，因此根据“例同一性”的可传递性，对 Otto 而言，在这所有这些情况下“出现”或“发生”的信念的“例”也都具有“例同一性”。正是这一点说不通。显然，我们需要一种方法对“例”进行“个体化”，将 Otto 在时间点 t 和时间点 t^* 使用的句子的“例”区别开来。这意味着我们必须避免将（作为“例”的）句子或条目等同于 Otto 所拥有的（作为“例”的）信念。换言之，我们必须将（O）替换为：（O*）在时间点 t，Otto 对笔记本上特定句子的（合适的）使用构成了“他相信现代艺术馆位于第 53 大街”这一过程的一部分。

上面所说的过程显然也是一个“例”。这样一来，Otto 在一个不同的时间点 t^* 以同样的方式使用笔记本上的同一个句子，就自然算是另一个（作为“例”的）过程（的一部分）了。这也适用于 Inga 以合适的（符合克拉克与查尔莫斯要求的）方式使用这个句子的情况。每一种情况都对应于一个不同的过程的“例”，我们也因此得以避免前述逻辑不顺的问题了。

如果这些论证是成立的，则我们必须拒绝接受（O）。但拒绝（O）并不等价于拒绝接受延展心智。虽说（O）是对延展心智的一种常见的理解，但它致力于将心理状态的“例”与外部结构的“例”等同起来却是有问题的。正如我们在（O*）中所表明的那样，延展心智关注的是（作为“例”的）认知过程的（部分）构成成
67 分，这种理解更为恰当，而且即使我们拒绝了（O），对此也没有影响：“Otto 以合适的方式使用笔记本”是“他相信或回忆起现代艺术馆位置”这一完整过程的一部分，而且是一个不折不扣的认知性的

部分。我们可以将这种对延展心智的理解称为“过程外部主义”，以区别于（O）暗含的“结构外部主义”——也就是将心理过程的“例”等同于环境结构的“例”。

4　嵌入心智

延展心智首先是一个关于认知过程的构成性主张：某些认知过程部分地由外部环境的过程所构成。这符合对 EMT 的第三种诠释：某些认知过程部分地由身体的结构与过程构成。上述两种构成性主张都属于本体论诠释，应与关于“我们如何理解认知过程”的认识论诠释划清界限。但正如我们在探讨具身心智时谈到的，对延展认知的本体论诠释还有另一种形式，其关注依存关系而非构成关系，68
如对具身心智的这种诠释就主张（某些）认知过程的正常运行依赖于身体性的结构与过程。

因此，我们或许会预期延展心智也存在这样一种诠释。这种预期是正确的——但又不完全正确。当我们以这种方式诠释延展心智，得到的不是延展心智的另一个版本，而是一个完全不同的主张：嵌入心智。虽然常有人混淆嵌入心智与延展心智，但这两种主张是非常不同的——嵌入心智要比延展心智“弱”得多，也更缺乏新意。

嵌入心智的观点是：认知过程“通常”或“本质上”（根据某些更“强”的主张）都是嵌入环境的，因此要根据它们的作用或功能加以理解。以视知觉为例，我们在讨论马尔的视觉理论时曾提及，人们通常将视知觉理解为从刺激（输入）到视觉表征（输出）的转化。刺激就是网膜视像（强度不同的光在视网膜上各个位置的分布模式），视知觉的功能就是将网膜视像转化为对世界的视觉表征，这种转化可分为一系列步骤。我们要小心区分两种观点。第一种观点是“知觉和其他认知过程应根据其功能来加以理解”。这种观点常被称为“功能主义”——至少是“功能主义”这个应用广泛的术语的含义之一。我们将在后续章节中深入探讨功能主义的细节。第二种观点则是“将知觉等认知过程的定义等同于某种特定功能”。这两种观点是非常不同的：说知觉由功能或作用定义是一回事，说知觉由某种特定功能定义则完全是另一回事。比如，你也许同意“知觉是由功能定义的”，但不认为“将网膜视像转化为视觉表征”这一特定功能定义了知觉。

当前，我们且从一个概括性的观点出发，即给定认知过程是由其功能角色定义的——不论该“功能角色”具体是什么。扮演特定角色需要完成特定任务，传统观点通常认为这些任务都是由大脑完成的，如关于视知觉的传统观点就普遍认为将网膜视像转化为视觉表征是大脑的任务。所谓心智“嵌入”环境的主张就以这种传统观点为背景：若以恰当的方式依赖于环境，大脑完成特定认知任务
69 （即实现该任务的功能）的复杂程度就有望得到降低，而正是该任务的功能将大脑完成它的过程定义为一个认知过程。

我们在本书第 1 章就曾提到过类似的观点：要从 A 地去往 B 地，大脑要完成的记忆任务的复杂性会因外部信息存储结构——如 GPS 或 MapQuest 导航系统——的使用而显著降低；要完成一套拼图，大脑要完成的心理旋转的工作量也会因我将拼图碎片拿在手中颠来倒

去而大幅减少。总的来说，嵌入心智的指导思想是：要完成特定认知任务，有机体能利用环境中的结构，降低内部加工的工作量，也就是在能以合适的方式利用环境时，将任务的复杂度部分地降低。

再次强调，这是一种本体论观点。但与强调构成关系的延展心智不同，嵌入心智的主张关注的是依存关系：某些认知过程依存于环境中的结构，因为它们“从设计上”就只能运行在这些结构之中。没有了合适的外部结构，有机体就无法完成其通常情况下可以完成的“全套”认知任务，因为完成这些任务要使用的认知过程缺乏合适的运行条件。或者，即便能够完成这些认知任务，有机体也无法以最优的方式完成——比如要花更长的时间或会犯更多的错误。我们可以将这种依存关系理解为（某些）认知过程的或有事实，也可以将其理解为（某些）认知过程的必然真理，反映了它们的本质特征。但不论如何，依存关系与构成关系都是两回事。

就其本身而言，嵌入心智是一个有趣的主张。但很明显，它对传统的笛卡尔式的心智观几乎不构成威胁。如果你认同至少有一些认知过程是嵌入环境的，你依然可以坚持说“真正意义上的”认知发生在大脑之中。大脑中的某些过程或许“从设计上”就只能在特定环境中实现认知功能，但这些过程毕竟是在大脑中，而 70
不是在大脑外部发生的。我们已经知道，说一个认知过程是由环境驱动的，不代表环境因素构成了这个认知过程：要非常小心地避免对因果关系和构成关系的混淆（Adams & Aizawa，2001，2010；Rupert，2004）。

正因如此，嵌入心智的主张在目前的争论中占据了一个非常特殊的位置。它是有趣的，但又不够有趣——或者可以说，如果我们的关注点集中在一个主张能否颠覆笛卡尔认知观的话，那么它确实不像延展心智那样激进。因此在争论中它更容易得到这样一些人的支持：他们承认延展心智的论述有一定的道理，但又不希望走得太远（见 Adams & Aizawa，2001，2010；Rupert，2004）。对他们来说，嵌入心智就是一块“后备阵地”——他们可以承认内部认知操作的复杂性可以通过使用或依赖于合适的外部结构而降低，但坚持认为真正意义上的认知只发生在脑内。我们将在下一章更加细致地探讨嵌入心智扮演的角色。

5 生成心智

假如你是个盲人，手里正握着一只瓶子（O'Regan & Noë，2001）。你能感觉到手中握着一只瓶子，但此时你真正拥有的触觉是怎样的？如果在瓶子与皮肤间没有发生轻微的摩擦，触觉信息很快就会所剩无几；随着皮下感受器的适应，你也将很快失去温度信息。但即便感知刺激如此有限，你依然感觉到手中握着一只瓶子。根据传统的理解，大脑通过各种形式的推理（其实就是“猜测”）补充、增强并修饰贫乏的感知刺激，为你提供“什么最可能导致当前刺激”的信息。其结果是，你创建了关于瓶子的内部触觉表征。

但在麦凯（Mackay，1967）看来，对此还有另一种解释：信息除包含于感知刺激，还存在于环境之中，这些信息足以表明你正握着一个瓶子。[13]更准确地说，大脑为了适应某些“潜在的可能性”而被“调谐”成了现在的样子。比如，大脑相信：假如你用手轻轻地摩挲瓶子的表面，传入的感知信号会发生变化，而且这种变化会与 71
你触摸光滑、冰凉的玻璃表面时感知刺激典型的变化方式联系起来。此外，大脑还相信：如果你的手一直向上，移动的距离足够远，就会感受到手中之物的尺寸不断变小（你摸到了瓶颈）。你对自己手中握着一个瓶子的感觉就由这些“假如做出特定行动，经验将如何变化”的预期所构成——麦凯以这种方式对埃德蒙德·胡塞尔（Edmund Husserl，1913/1982）的“现象学意义上的呈现（在场）”（phenomenological presence）做出了明确的解释。

根据麦凯的说法（依然承袭自胡塞尔），“看见”一个瓶子可类比为触摸到它——至少在某种意义上可以这么说。如果你的大脑提取了关于特定权变网络的知识，就能让你形成自己正在看着那个瓶子的印象。这些知识包括：你知道如果将注视点移向上方靠近瓶颈，双眼接收到的感知刺激会以一种典型的方式发生变化——视觉刺激物由宽变窄导致的中央凹视觉意象的变化；你也知道假如你将注视点移向下方靠近标签，双眼接收到的感知刺激就会以另一种典型的方式发生变化——注视标签时中央凹视觉意象的变化……诸如此类。

麦凯的这些重要观点后来发展为知觉研究的生成主义进路。进入21世纪后，奥里根、诺伊和汤普森等人（O'Regan & Noë，2001，2002；Noë，2004；Thompson，2007）又将生成主义进一步发扬光大。“生成心智”的主张指的就是他们的观点。本节旨在探讨生成心智与延展心智的关联，为此我将专注于诺伊（Noë，2004）的解释。我不确定是否所有的生成主义者都持同样的立场，但全面考察现存的生成主义立场绝非本章的意图所在。[14]事实上，我怀疑对生成心智立场的一种理解就与我自己的延展心智主张（其核心是对承载信息的外部结构采取行动）相兼容。但我主要的关注点还是将本章第 3 节所呈现的延展心智与（至少一种影响深远的）生成心智的主张——也就是诺伊所持的主张——区分开来，以此澄清延展心智与（“诺伊版”）生成心智的具体内容。

现在假设你在看着一个立方体。你当然不可能在任一给定时刻将它“看全”——只能看见它的几个面，但你就是会感觉到自己正
72 看着一个立方体。诺伊在下面这段话中就以生成主义的基本观点对此进行了解释：

> 在你相对于这个立方体运动时，你习得了关于它的几个面（在你眼中）如何随着你的运动而变化的规律——也就是说，你意识到了这个立方体视觉上“潜在的可能性”。意识到了特定对象在视觉上潜在的可能性，就等于意识到了该视觉对象的真实形状。之所以对几个面的知觉就能让你将眼前的事物经验为一个立方体，是因为你在这个经验的过程中运用了感知运动知识，这些知识涉及立方体的几个面（在你眼中）的变化和你的运动方式间的关系。将一个事物看成立方体，意味着理解了在你运动时它看上去会怎样变化（Noë，2004，77）。

再假设你在看着一个西红柿。此时你会将它经验为一个三维对象，近似圆形，尽管你其实只在看着它正对着你的那一面。再假设

有人在这个西红柿前面放了一个胡椒罐，刚好挡在它中间，但你依然会将它经验为一个西红柿，而不是两个彼此分离的部分。这个西红柿对你的呈现方式就是所谓的“现象学意义上的呈现（在场)”，尽管视觉场景中有明显的遮挡。对“现象学意义上的呈现（在场)”的传统解释涉及创建这个西红柿的视觉表征——大脑会对“是什么导致了当前的视觉印象”做出猜测。诺伊则反对这种观点：

> 对一个完整的西红柿的知觉——它是一个立体物，其背面与正面类似等，包括一种内隐的理解或期望——关于“假如我们的身体向左或向右移动，西红柿的哪些部分会进入我们的视野”。我们与西红柿尚未进入视野的那些部分间的关系正是由上述感知运动权变的模式所介导的。类似的观点适用于各类视觉遮挡现象。(ibid.，63)

我们可以从细节中提炼出一个清晰的观点——对外部世界的视知觉由以下两个部分构成：

（1）关于我们对特定视觉对象的经验将如何随我们的运动、该视觉对象相对于我们的运动或其他事物相对于该视觉对象的运动（比如，在西红柿前面放一个胡椒罐）而变化的期望。诺伊将这种期望称为感知运动知识（sensorimotor knowledge)，或关于“感知运动权变”（sensorimotor contingencies）的知识——只有掌握了相关的感知运动权变，我们才能形成正确的期望。

（2）对外部世界采取行动的能力，也就是借助视觉通路探索环境结构的能力。

乍看起来，延展心智与生成心智的主题多有相似之处。我们可以回顾一下本章第 3 节对延展心智的刻画，特别是前三条：

73 （1）知觉、记忆、推理的过程（很可能还包括经验）都与信息有关，而世界正是信息重要的外部存储库。

关于这一点，生成心智与延展心智似乎能在很大程度上达成共识。外部世界作为稳定的视觉信息存储库，能借助视觉通路随意探索，这种探索至少部分地取代了传统上视觉表征所扮演的角色。一个西红柿在我们视觉经验中的“现象学意义上的呈现（在场）”（这意味着我们能意识到：除呈现给我们的正面，它还有与正面存在系统性关联的其他方面）基于以下事实：该西红柿以一种连续的、结构化的、稳定的方式存储了信息，视觉主体能将注意资源随意投向它的任意一个方面或任意一个部分，实现相关信息的提取。（同理，瓶子也以一种稳定的方式存储了触觉信息，供握持者随意探索。）

（2）至少某些认知过程是混合式的——既包括内部操作，也包括外部操作。

这一点看似也和生成心智的主张相符。表征主义的观点是：我们之所以能看见一个物品，是因为在内部为它创建了视觉表征。因此在整个视觉过程中，知觉的起点就是感觉的终点，也就是光照刺激在视网膜不同位置的强度分布，对该“网膜视像”的内部加工产生了视觉表征。相比之下，生成主义进路认为至少某些在传统上由视觉表征扮演的角色可由视觉通路对相应可视结构的探索承担。显然，发生在大脑中的那些进程对整个视觉过程非常关键，但如果生成主义解释是正确的，将它们与视知觉过程画等号就有问题了。最多可以说视觉表征提供了视觉场景的“主旨”，细节则留待探索行动加以完善。[15]果真如此的话，生成心智似乎的确就是在主张视知觉是混合式的了。

（3）外部操作要依靠宽泛意义上的行动，也就是对环境结构的操纵、利用和转化。这些环境结构携带了与完成给定任务有关的信息。

当然，对环境中可视结构的探索似乎也属于上述“宽泛意义上的行动”。举个例子，若视觉任务的目的是产生（或者叫“生成”）能够反映视觉主体周围环境的复杂结构和丰富细节的经验，则生成主义的
解释将反对认定这些特定需要被内部过程映射或复刻的观点——也就 74
是说，生成主义不认为需要创建同样具有这些特征的视觉表征。相反，视觉主体能在探索中对外部信息库本身稳定的结构与细节加以利用，以“生成”反映这些结构与细节的经验。可见生成心智似乎也符合对延展心智的第三条刻画。

综上所述，生成心智与我对延展心智的刻画至少在表面上是高度相符的。因此一开始我们会非常愿意相信前者只是后者的“另一个版本”。说实话，我自己也曾像这样理解生成心智（Rowlands，2002，2003）。可现在，我开始觉得自己当时的见解尚不成熟。延展心智与生成心智（至少是诺伊界定的生成心智）不仅不是同一回事，甚至是否兼容都值得我们怀疑。我们会注意到，之所以二者看似相符，首先是因为生成心智强调知觉主体对外部世界的探索。但细致

分析后我发现，这种探索的作用似乎被过分夸大了：诺伊界定的生成心智是否赋予了这种探索活动什么重要的角色其实是很难说的。在本节剩余部分，我将致力于论证诺伊强调的其实是主体的期望及其实施探索的能力，而非探索活动本身。鉴于不论是期望还是能力，都无法令人信服地被描述为“延展的”，因此生成心智只是“另一个版本”的延展心智这一点其实并不成立。（Rowlands，2009b）

回顾前述生成心智的两个构成性主张，以下两点对我们“看见”外部世界是不可或缺的：

（1）关于我们对特定视觉对象的经验将如何随我们的运动、该视觉对象相对于我们的运动或其他事物相对于该视觉对象的运动（比如，在西红柿前面放一个胡椒罐）而变化的期望。这种期望被称为感知运动知识，或关于“感知运动权变”的知识。

（2）对外部世界采取行动的能力，也就是借助视觉通路探索环境结构的能力。

主张1与感知运动**知识**有关。感知运动知识指的是一系列彼此相关的期望，即我们的经验将如何随特定环境事件的发生而改变。主张2与我们采取行动的能力有关。要将生成心智认定为一种对知
75 觉的“延展性”的解释，就要回答下面这个问题：有无理由将我们的期望和/或行动能力视为“延展的”？这个问题包括两个部分：其一，是否有理由认为我们对经验随特定环境事件而变化的期望是延展的，就像延展心智主张（某些）心理过程是延展的一样？其二，我们探索环境结构的能力是否会延展或分布到外部世界中？如果对这两个部分的回答都是“否”，我们就只能反对将生成心智认定为一

种对知觉的“延展性”的解释的观点了。我将指出，对这两个问题的回答很有可能都是“否”。因此，与第一印象不同，生成心智很可能无法提供对知觉的“延展性”的解释。

主张 1：感知运动知识

我们似乎没有什么理由认为“对视觉对象的经验将如何随我们的运动、该视觉对象相对于我们的运动或其他事物相对于该视觉对象的运动而变化的期望”应该是延展的。认为我们的经验由类似这样的期望构成的观点有其现象学传统，我们为延展的心理过程所举的例子当然不包括这些期望。虽然当下没有理由，但我们能否设想它们是延展的？

诺伊（2004）认为这些期望是一种实用知识或程序性知识。但再说一遍：似乎没什么理由认为这种程序性知识是延展的。举个例子，实用知识通常被理解为某种程序，也就是一串指令，遵照其行动将有助于完成特定任务。但没有理由认为这种指令是延展的——通常人们也不会这样去认为。

其实我们有一种方法，可在生成心智与延展心智间建立更加紧密的关联，那就是将海德格尔的现象学考虑进来。比如，循着海德格尔（Heidegger）—德雷福斯（Dreyfus）—惠勒（Wheeler）这条主线，感知运动知识可还原为程序性知识的观点是站不住脚的。[16]我们关联于世界的方式，包括知觉地关联于世界的方式归根结底是非命题性的：与世界的命题性的关联总是由某种更加基本的“在世存在”衍生出来。这个观点很能引起我的共鸣——果真如此的话，感知运动知

76 识当然就是延展的，因为“在世存在”是延展的，这就足够了。

在海德格尔（1927/1962）看来，究其根本，人的存在，即“此在”（dasein），就是“在世存在”。他的主张不是说所有的人本质上都有一种称为“在世存在”的特性，而是说人**就是**“在世存在”。换言之，每个人的存在背后都是一系列彼此关联的实践构成的网络，这些实践的前提是有一个由彼此关联的工具构成的网络。我们或许会认为这意味着人的实践是嵌入在一个更宽泛的工具系统中的。但这样想就误入歧途了。“嵌入”的观点预设了一个前提，即实践有别于其所嵌入的工具网络。海德格尔反对的正是这一点，他相信工具部分地构成了实践，并在《存在与时间》（*Being and Time*）的第一部分致力于将人界定为这样一种“实践系统”。因此，我们每个人都包括实践和构成这些实践的工具网络。但如果像这样去看问题，那么认知之所以是延展的就容易理解了——我们做的每一件事都是延展的。我们需得避免将人理解为边界分明的生物体。人的存在源于实践，并且实践发生在部分地实现了它们的工具网络之中。我们对自己的可能轨迹所抱有的任何期望，都是从“在世存在”这一基本事实中衍生出来的。以海德格尔式的视角观之，我们无须特地思考某些心理过程是否是延展的——既然我们的感知运动知识是由期望构成的，它就理所当然是延展的。我们的心智在这个意义上也必然是延展的。

我让读者自行评判海德格尔的主张有多少说服力。无论如何，诺伊的主张是否与海德格尔的主张兼容并不清楚，至少，如果要将二者等同起来，我们就得加上不少预设。所谓的“海德格尔—德雷福斯—惠勒主线”强调的是感知运动知识的非命题性，也就是非程序性。但尽管诺伊在明面上的立场是感知运动知识属于程序性知识（knowing how），但他所举的例子却似乎都属于陈述性或命题性知识（knowing that）。我们曾引用过他的一段话：

> 对一个完整的西红柿的知觉——它是一个立体物，其背面与正面类似等，包括一种内隐的理解或期望——**关于**（that）“假如我们的身体向左或向右移动，西红柿的哪些部分会进入我们的视野”。（Noë，2004，63）

这些理解或期望显然是命题性的，而非程序性的。我们还可以 77
再举一例：

> 你之所以仅凭一个物体的一两个面就将其经验为“方块”，是因为你在经验的过程中运用了感知运动知识，这些知识涉及该物体的面和运动间的关联性。基于视觉经验将一个物体看成方块意味着你理解了它（看上去）将**如何**（how）随着你的运动而变化。（ibid.，77）

在这里诺伊至少用了“如何”（how）这个词。但就他如此温和的使用方式而言，“how”和“that”其实没什么区别。毕竟“理解某物（看上去）将**如何**随着你的运动而变化”和“理解**关于**你运动时某物看上去将如何变化”是一个意思。换句话说，诺伊的主张在语法上是有误导性的：他看似在谈论程序性知识，实则在谈论陈述性或命题性知识。（Rowlands，2006，2007）[17]

因此，如果感知运动知识（如诺伊所主张的那样）应被视为“延展的”，我们就得找到理由说“至少有些陈述性知识或理解的

‘例’是延展的”了。倒不是所有的陈述性知识都得是延展的，但与知觉有关的那些陈述性知识应该是。在我看来，要找到这样的理由的难度着实不小。因此，如果生成心智与延展心智间真的存在强关联性，我们就得指望在生成心智的第二个构成性主张中发现这种关联。于是问题就变成了：我们对外部世界采取行动的能力，也就是借助视觉通路探索环境结构的能力是延展的吗？

主张 2：对世界采取行动的能力

关于这个问题，我们首先要区分一种能力和对这种能力的运用。主张 2 其实有两个强弱不同的“版本”。根据“弱版本”，借助视觉通路知觉外部世界只需要我们拥有借助视觉通路探索外部世界的能力，它不需要我们真的运用这种能力——不需要我们当真去探索外部世界。而根据“强版本”，借助视觉通路知觉外部世界不仅需要我们拥有借助视觉通路探索外部世界的能力，也需要我们运用这种能力。

78 先考虑“弱版本”。我们有理由认为“探索外部世界的能力”是延展的吗？既然一种能力和对它的运用不是同一回事，答案似乎是否定的。弹钢琴对我来说是一个时空延展的过程，钢琴的琴键当然是这个过程的核心构成成分。但即便我这辈子都没有遇见过另一台钢琴，也没有机会在另一台钢琴上运用这种能力，我还是可以说自己“会弹钢琴”，也就是拥有弹钢琴的能力。能力和运用能力的区别适用于所有类型的能力——不管是不是人类的。卵细胞和精细胞都是卵细胞的受精过程的构成成分，但精细胞有能力让卵细胞受精，即便大多数精细胞运气都没那么好。显然，虽说运用能力的过程也许是延展的，能力本身却不是——以延展心智的标准观之，能力并非延展的。

当然，说有些能力是“具身的”显然没有问题。[18]约翰·豪格兰德（John Haugeland）就曾讨论过打字的能力：

> （我的大脑中）某种特定的神经脉冲模式在一些情况下会让我打出字母“A”，但除此以外，这一结果还取决于许多其他的或有事项。首先，它取决于我手指的长度、肌肉的强度和灵敏度、关节的形状……诸如此类。当然，不论我用双手做什么——打字也好，系鞋带也罢——都同时取决于特定的神经脉冲模式和其他具体的或有事项。但我们无法将这些因素各自的贡献区分开来，以此确定特定神经脉冲模式的“内容”，而不考虑其适配的手指的情况。（Haugeland，1995，253）

豪格兰德这些话说得让人挑不出毛病。许多能力都是具身的，因为你是否拥有一种能力不仅取决于那些发生在脑内的事件，还取决于你的身体内置的一系列倾向性，它们或是通过训练获取的，或是你的生物禀赋。我之所以会冲浪，不仅是因为大脑编码了相关的实践知识，还因为我的身体经过长期训练获得了相关的倾向性——没有了这些必要的倾向性，纯靠脑内的过程我是玩不了冲浪的。虽说并非所有的能力都是具身的，但**有些**能力是，这一点似乎是不可否认的。然而，我们已经知道延展心智和具身心智很不一样。即便二者都强调本体论构成关系，“由身体结构构成”和“由环境结构构成”也是不同的。生成心智重视借助视觉通路探索世界的能力， 79

或许有助于以一种具身的方式解释知觉，但其本身尚不足以支持一种对知觉的延展的解释。[19]

同样的逻辑引出的另一个结论是，有些能力是嵌入环境的。我通过冲浪训练获得的身体倾向性只能“适配”于特定的环境条件。比如，假如我练的一直是中板，临时换成小板肯定就适应不过来。但是，我们曾经提过，延展心智的主张不同于嵌入心智，事实上它远强于后者。说环境因素参与构成了心理过程（也就是颅腔外的环境事件部分地构成了心智）和说心理过程依存于（即便是本质性地依存于）外部环境完全是两回事——前者要比后者大胆得多。你可以接受许多（尽管绝非所有）能力都由脑内神经活动、习得的（或是先天的）身体倾向和环境反馈在复杂的相互影响中建构而成，但这并不等于你认同这些能力是延展的。

再考虑主张 2 的“强版本”：对世界的视觉知觉不仅需要我们具备借助视觉通路探索世界的能力，也要求我们运用这种能力。不必说，对许多能力的运用都涉及延展的过程，包括脑外的成分。因此，主张 2 的“强版本”似乎必然蕴含了延展心智的主张。但问题是，这个“强版本”自身似乎就很说不过去。

首先，我们确实可以拥有新异视觉经验。假设你看见了一个西红柿（我们沿用诺伊的例子），而你此前从未见过这个西红柿。根据主张 1，要知觉到西红柿的形状，你就得掌握相应的感知运动权变。也就是说，你得理解在你相对于西红柿运动时（或西红柿相对于你运动，或有什么遮挡了西红柿，诸如此类的情况下），对这个西红柿的视觉经验将如何改变。但假如我们采纳主张 2 的“强版本”：知觉到西红柿的形状，需要你**运用**借助视觉通路探索世界的能力，则意味着在运用上述能力前，你并没有真的看见那个西红柿的形状。

显然，我们可以用先验经验来回应。你不需要真的运用探索环 80
境的能力，因为尽管此前你没有见过这个西红柿，但你见过别的西红柿，有些和眼前这个长得很像。因此，你可以基于这些先验经验，对某些条件下（比如，在你相对于这个西红柿运动时）视觉经验将如何变化形成一个预期。

但这个回应有两个问题：其一是它自身固有的；其二则与我们关注的问题更为相关，即生成心智能否支持一种对知觉的延展的解释。第一个问题涉及知觉新异形状的可能性。根据主张 2 的“强版本”，对一个你先前从未见过的新异形状，你只有对它采取了行动（即借助视觉通路探索了它），并观察到了你的经验将如何因此而变化，才能说真的知觉到了它的形状。做不到这些，对新异形状的知觉就无从谈起。根据主张 2 的“强版本”，这一点适用于视觉对象的任意一种新异外观特性。

这里的问题显然是：生成主义的解释混淆了知觉和后续认知操作。本质上，这似乎表明生成主义的解释将知觉与判断混为一谈了。[20]在我们探索外部世界前，显然某些**类似于**“看见”的事发生了，否则对探索活动就无限制可言了。也就是说，我们是不会随意实施探索活动的。相反，这些活动必然受当前视觉场景中某些显著特征的指引。因此，当我们探索一个新异形状在视觉上潜在的可能性时，是什么在指引这些探索活动？显然，是我们对该形状的知觉。我们当然得看见些什么，这个“什么”自然而然地就应该是视觉对象的形状。我们也许尚未准确地了解它的形状，这就需要我们通过后续探索去加以探明。但这些后续的部分属于判断，而非知觉问题。

第二个问题就我们的关切而言还要更重要些。诺伊似乎认同主张 2 的“强版本”。比如，在我们先前引用过的作品中，他曾声称知觉“是由我们所拥有**和**运用的身体技能构成的”（Noë, 2004, 25）[21]。但有时他似乎又主张，只有在学习知觉某个视觉特性的过程中，才需要实际运用感知运动的能力——“我们只有自己运动起来，才能测试并习得感知运动依存关系的模式”（ibid.，13）。

可是，如果一个人只需要在学习如何知觉某个视觉特性时运用
81 探索环境的能力，要知觉先前有过经验的特性则只需要这种能力本身，无须对其进行运用的话，就意味着只有“学习如何知觉一个视觉特性”这个过程是延展的。知觉一个我们有过经验的特性，只需要关于“经验将如何随给定或有事项而变”的预期，以及探索相关环境因素的能力。假如这种主张是正确的，我们就没有理由认为这些预期或能力属于“延展的”过程。

这样，生成心智就遭遇了一个困境。如果主张知觉需要主体**运用**其借助视觉通路探索世界的能力，则显然说不过去；但另一方面，假如主张主体只需要在学习阶段运用这些能力，则只能引出延展心智的一个极弱的版本：在所有知觉过程中，只有学习如何知觉的过程是延展的。这样，就绝大多数知觉过程而言，生成心智的解释就

完全是内部主义的，只关注主体是否拥有相关的预期和能力。当然，这也并非就一定是件坏事。许多人都认为这种温和的内部主义诠释对生成心智的主张其实是一种支持。但这确实表明，如果真的存在一门迥异于笛卡尔传统的“非笛卡尔心智科学”，则其内核必然不能是生成心智（至少是诺伊所持的那种生成心智主张）。

这样一来，生成心智要想夺回其在“非笛卡尔心智科学”中的阵地，就只能尝试（以各种方式）弥合“知觉”和“知觉学习”间的差异了。为此，它只能努力证明知觉其实类似于一种学习，而非学习类似于一种知觉。有趣的是，赫尔利和诺伊确实就在做这种尝试（Hurley & Noë，2003；Hurley，2010）。[22]他们将“学习”和“知觉”间的区别表述为“训练”和“训练后”的区别，弥合这种区别的逻辑是将关注点从赫尔利的所谓“充分性问题”转到她所说的“解释性问题”。就知觉经验而言，充分性问题是“系统中的什么事件足以产生给定内容的视觉经验 P”，相应的解释性问题则是“为什么这种神经状态是视觉经验 P 的神经关联物”。赫尔利建议我们将关注点从知觉经验的局部机制转向“是什么为知觉经验的特质提供了 82
最佳解释”的问题。赫尔利声称，尽管可充分解释知觉经验的局部机制可能位于主体内部，但是对该经验特质的最佳解释必然涉及“一种典型的、延展的动力学”。换言之，对知觉经验特质的最佳解释必然涉及一个分布式的过程，包括大脑、身体和对外部世界的积极探索。

不幸的是，我认为这条路走不通。个中原因我已在先前的作品

（Rowlands，2003）中提到了：拥有某种特性是一回事，拥有该特性的事物位于何处则是另一回事。以“行星”这个特性为例，一个事物拥有这种特性意味着它与位于它外部的其他事物间存在某种特定的关联，如它要围绕着一颗恒星旋转。正是这种关联性让它成其为一颗行星，因此要解释某物为何是一颗行星就必然需要提及这种关联性。但我们不能据此认为一颗行星就位于它的恒星所在的位置上。某物可能拥有一种特性，对这种特性的解释可能涉及其他外部因素，但确定“某物”的位置完全是另一个问题。[23]因此我们或许会赞同赫尔利的意见，即关于某种经验之特质的最佳解释需考虑“典型的、延展的动力学”，因为这种动力学让上述经验拥有了其特质，但这并不意味着这种经验本身是延展的。[24]换言之，即便接受赫尔利的建议，这种关注点的变换最多也只能支持一种对知觉过程的嵌入的，而非延展的解释。[25]

6　具身心智、延展心智和融合心智

事实上，嵌入心智的立场是一种“新笛卡尔主义”式的倒退，持这种立场的学者们意识到了延展心智主张的强大威力，但依然试图限制其影响范围。可是我们仍不清楚生成心智，至少是诺伊所持的生成心智立场能否与一种承认环境作用的内部主义观点划清界限。也就是说，如果不以海德格尔的现象本体论加以补充的话，生成主义就只能以一种具身和/或嵌入的方式解释认知过程。或许除知觉学习外，
83 它无法支持任何延展性的解释。因此，如果本章的论述是正确的，

在“非笛卡尔认知科学”的内核中，我们就只能找到具身心智和延展心智的观点了。先前曾提及的“4e”也就“缩水”成了“2e”。

但是，具身心智和延展心智最为重要的一点共性是：二者都是关于认知过程之（部分）构成的本体论主张。这也是“非笛卡尔心智观”的中心思想。某些认知过程部分地由认知主体大脑外部的结构与过程构成。认知过程是神经结构/过程、身体结构/过程和环境结构/过程的融合。我们可以将具身心智与延展心智的主张归纳为“融合心智”（amalgamated mind）——这种将心理过程视为内外部因素之“融合”的观点也构成了我们的“新科学”的基础。

在想象“延展的”认知过程时，我们很容易产生一些错误的意象。究其根本，“延展”是一个空间概念，通常空间概念都与位置概念紧密相关。而一旦开始设想认知过程的位置，我们就很容易开始关注一些不该关注的问题。这样，“认知过程是延展的”会诱使我们将心理过程想成某种延伸到大脑外部的东西，因此具有一个确定的空间位置，只不过这个空间位置将一片颅外世界囊括在内了。我认为，这种意象正是我们在想象“延展的”认知过程时要着力避免的。概括地说，认知过程即便有一个“位置”，这个位置也相当模糊——其实完全可能是不确定的。换言之，关于一个给定的认知过程（的“例”）“在哪儿”，可能没有一个准确的答案。并不是说认知过程有一个确定的延展的边界——就像用一根延展到颅骨外头的弹力绳圈起来的一个范围，正如“延展心智”的隐喻诱使我们产生的印象。相反，认知过程根本就没有确定的边界可言。“延展认知”更准确的叫法应该是“空间位置不确定的心智”，不过这么说确实有些拗口，而且一点也不抓人眼球。

“融合心智”的主张在这方面就要好一些。对我们的“新科学”来说，重要的是认知过程的构成而非位置。认知过程的构成和位置是两回事，能否从构成推得位置，取决于构成认知过程的事物有无精确的空间位置。但是，关于认知过程**不在**哪儿，我们确实能根据其构成推出结论。因此“融合心智”的主张（即某些认知过程是神
84 经、身体和/或环境结构与过程的融合）蕴含了这样的观点：并非所有认知过程都位于认知的有机体颅内。当然这个主张真正的价值在于其描述了认知过程的构成，而非其位置。

因此，“融合心智”（即认知过程是神经、身体和/或环境因素的融合）包含了具身心智和延展心智的观点。这种融合的基础是利用、操纵和转化。当作为融合对象的（颅外）结构与过程是身体性的，则善加“利用”至关重要，如大脑会利用有机体的双耳间距估测声源的距离和方向。但是，当作为融合对象的结构与过程是环境性的，则“操纵”与“转化”也同样重要。环境中的结构可承载信息，通过**操纵**这些结构，有机体能将它们所含的信息从“存在”**转化**为“可用”，供后续认知加工**利用**。

“融合”的概念因此集具身心智与延展心智的主张于一体。这个结论有些令人意外，因为在许多人看来，出于我们稍后将要探讨的原因，具身心智与延展心智根本就是互不相容的。我们下一章就将正式开始为融合心智的主张提供辩护。

第4章

对融合心智的反对

85 1 融合心智面临挑战

融合心智集具身心智与延展心智的主张于一体，后两者都属于一种更宽泛的心智观：认知过程部分地由大脑外部的过程构成。这些大脑外部的过程既有身体性的，又有环境性的。融合心智是一种承认颅外因素的构成性主张。既然它涵盖了具身心智和延展心智的观点，融合心智所面临的主要挑战也可分为三大类：

（1）针对延展心智观的挑战。

（2）针对具身心智观的挑战。

（3）针对前述二者之结合的挑战。

第三类挑战持这样的立场：即便具身心智和延展心智各自都没有错，它们也无法结合成一个有关“融合心智”的主张，因为它们根本就互不相容。但这里我们且按顺序探讨这三类挑战。

2　延展心智及其反对意见

有关延展心智的主张近年来遭受了不少挑战，大体可分为四类：

（1）差异性主张。持这种反对意见者指出，内部认知过程和（延展心智视同为认知过程的）外部过程间差异明显，故不应认为它们是单一心理“类”的两个“例”。该反对意见的代表人物包括鲁 86
伯特（Rupert，2004）和福多（Fodor，2009）。

（2）耦合 – 构成谬误。持这种反对意见者指出，延展心智的主张混淆了真正的认知及其外部的“因果伴随物”。更准确地说，它混淆了**构成**认知的结构/过程和认知（仅）因果性地**嵌入**其中的结构/过程。我们对这种反对意见已经不陌生了，鲁伯特只是以一种不同的方式表述了它而已（同见 Adams & Aizawa，2001，2010）。

（3）认知膨胀说。持这种反对意见者指出，如果我们接受了延展心智的主张，就将处于一个尴尬的位置：所谓的“延展”，有界限可言吗？我们该在哪里打住？认知的概念将变得过分宽泛，我们将被迫承认那些显然并非“认知性”的结构与过程其实也是心智的一部分。

（4）认知标志说。持这种反对意见者指出，延展心智的主张之所以站不住脚，是因为我们无法据此确定认知的“标志”。认知标志是指一些判断标准或条件，一个过程唯有满足了这些标准或条件才能被视为“认知性”的。（也可以反过来：唯有满足了某些标准或条件，才能说一个过程**不是**“认知性”的）。认知标志说指出，只要认知有其“标志”，延展心智所关注的外部过程就无法被视为“认知性”的（见 Adams & Aizawa, 2001, 2010）。

在接下来的几节里，我将论证前三点反对意见其实都可还原为“认知标志说”——它们要么预设了某种认知标志，要么可通过某种提供令人满意的认知标志来加以回应。

3　差异性主张：延展心智的“对等”与“整合”

延展心智经常被认为是以“对等”的概念为基础的。粗略地说，对等的意思就是构成认知的外部过程与（被普遍视为）认知性的内部过程间存在相似性。克拉克和查尔莫斯的“对等性原则”就常被认为体现了这种思想：

> 87 假设我们在面对特定任务时，世界的某个部分作为一个过程发挥作用。若这个过程在大脑中完成，我们会毫不犹豫地将它视为认知过程，那么（我们认为）世界的这个部分就属于认知过程的构成成分。（Clark & Chalmers, 1998, 8）

针对延展心智的批评似乎无一例外地认为，“对等性原则”为认知提供了一种基于相似性的判断标准，作为将外部结构/过程视为认知过程真正的“认知性”的构成成分的条件。粗略地说，“对等性原则”的意思是如果一个外部过程与一个内部认知过程足够相似的话，它就同样是一个认知过程。

差异性主张针对的正是对“对等性原则”的上述理解——后者为认知提供了一种基于相似性的判断标准，规定了我们什么时候能合理地认为认知是“延展的”。福多推动了差异性主张的进一步发展，他认为在 Otto 和 Inga 的例子中，对等性只存在于表面，因为克拉克和查尔莫斯对相关情况的描述是不准确的：

> 情况显然不是 Inga 记得她记得现代艺术馆的地址，检索了她对自己的记忆的记忆，而后检索了她记得自己还记得的那些东西，最后发现现代艺术馆的地址。Otto 能检索“外部”记忆的前提是他还有内部记忆，这是毫无疑问的。但如果我们假设 Inga 从内部记忆中检索现代艺术馆的位置需要她首先检索其他内部记忆，从而确定自己是否记得现代艺术馆在哪里，就陷入了无意义的回归。毕竟，Otto 和 Inga 的情况原本就并不相同：在整个过程中，Otto 其实比 Inga 多走了一步……说 Inga 检索了她对自己的记忆的记忆与事实不符，但这种说法是精心设计的，目的就是让 Inga 的情况看上去与 Otto 的情况更像。（Fodor，2009，15）

换句话说，克拉克和查尔莫斯的论证是有问题的，因为在他们设想的情况下，内部过程与外部过程间只存在表面上的对等性，而非真正的对等性。

鲁伯特的看法与此相似，只不过他针对的是我关于延展记忆的主张（Rowlands，1999）：

> 我的看法是：“记忆”状态（过程）中延展至外部的部分与内部记忆（回忆）过程间的差异如此巨大，以至于它们应被视为两个
> 不同的范畴。仅依据粗略的类比（即延展的认知状态与完全位于颅 88

内的认知状态类似，二者都可解释为“认知性”的，属同一类型，因此延展的认知状态存在），就试图支持延展认知的假说，此举完全是不可取的。（Rupert，2004，407）

稍后，我们将看看这种观点的具体应用。不过就当前目的而言，我们只需要关注其整体策略就够了。福多和鲁伯特的反对意见都有一个预设，那就是“对等性原则”为认知提供了一种基于相似性的判断标准，规定了一个认知过程（比如记忆）何时可延展至外界：如果一个外部过程与内部认知过程足够相似的话，我们就可以认为它也是一个认知过程。福多和鲁伯特据此指出，既然记忆涉及的外部过程其实与内部认知过程并非足够相似，它就不能算作认知过程了。这是一种典型的归纳论证：既然对等性原则要求“足够相似”，不满足这个条件的外部过程自然不能算是认知过程！[1]

但是，差异性主张对理解延展心智观其实并不是很恰当。[2]事实上，我们并不需要一个基于相似性的标准来判断某个外部过程能否被视为“认知性”的。我认为对延展心智而言，对等的概念固然重要，但“整合”的概念同样重要：所谓整合，就是不同类型的过程的彼此啮合，并且正是因为它们类型不同、特性各异，这种啮合才让认知的有机体有能力完成一些复杂任务——这些任务单凭任意一种类型的过程是无法完成的（Menary，2006，2007；Sutton，2010）。

以整合的视角观之，内外部过程的差异与它们的相似性一样重要，甚至还更重要些。认知之所以会延展到环境中去，正是因为对特定认知任务而言，内部过程做不到（或压根就不会做——取决于你如何理解延展心智）的某些事情，其实可以借助外部过程完成。由内外部结构/过程加工的那些特性完全不同，正是这种差异让认知主体有机会完成一些它们仅靠内部认知过程根本不可能完成的任务。如果没有这种差异，我们就没必要考虑外部过程了。

举个例子，我在《寓体于心》（*Body in Mind*）一书中强调，外部信息存储具有持久性与稳定性。据此，我考察了文化适应过程中生物记忆策略的发展。正是由于内部生物过程缺乏类似的持久性与
稳定性，才让外部记忆的发展变得更为重要，并对生物记忆的特征 89
产生了显著影响（同见 Donald，1991）。几年后，奥里根和诺伊（O'Regan & Noë，2001，2002；Noë，2004）指出，正是因为具有持久性与稳定性，外部世界才能参与构成视知觉。我们能借助视觉通路随意探索那些稳定而相对持久的外部结构，这至少让我们无须创建某些类型的内部表征，而传统视觉理论通常认为表征的创造是规避不开的。[3]

我在《寓体于心》这本书中还强调，外部系统的某些特殊结构——如递归和组合（尤其常见于语言系统）——同样是内部生物过程所不具备的。我相信一个有机体面对特定认知任务时若能对这些外部结构加以有效利用，就无须在内部“复制”这些结构。再强调一次，现实世界及外部过程之所以重要，正是因为它们的结构与内部过程不同：利用外部结构能让我们完成一些仅靠颅内过程无法完成的任务。[4]

因此，我们不应认为延展心智只建立在“对等”的基础上。内

外部过程间的差异同样重要。正是那些唯有外部结构才具备的特征让认知主体得以胜任那些仅靠内部过程无法完成或根本就不会去尝试的任务。既然“整合”的概念如此重要，我们自然就不能像持差异性主张的学者们那样，仅靠强调内外部过程的差异来批判延展心智了。事实上，延展心智既对内外部过程的差异做出了预测，其本身也需要有这种差异存在。若以这种方式理解，就不难应对差异性主张了。

当然，并不是“对等”的概念就不重要。延展心智既需要“整合”，也需要“对等”，只不过对这些概念的理解不能跑偏，“整合”与“对等”各有其作用和位置。若延展心智完全基于“认知整合”的概念，它在质疑面前也将是很脆弱的。比如，假设延展心智的主张强调内外部过程必须要有足够显著的差异，那我们有什么理由认
90 为外部过程确实是“认知性”的，也就是说，确实参与构成了认知，而非“真正的”内部认知过程的因果伴随物？回顾前文曾提及的延展心智与嵌入心智间的区别，既然内部认知过程与认知所涉及的外部过程间存在足够显著的差异，为什么不干脆将后者视为外部“脚手架”，而属于大脑的“真正的”认知过程就内嵌于其中？换言之，如果只强调内外部过程间的差异，我们就只能得到嵌入心智，而不是延展心智了。（Rowlands，2009a）

既然整合主义者强调认知涉及内外部过程间的差异，仅仅强调外部过程与内部过程的相似性就不足以令其成为“认知性”的了。因此，如果我们想要支持“外部过程同为认知成分”的观点，就得想别的办法。一种方法（我不知道是否有另一种）是为认知过程提供一个充分合理的判断标准或“标志”，有了这个标志，延展心智的

主张，即“认知涉及的某些外部过程确为认知成分，而不仅是认知过程的外部‘脚手架’”就有了依据。简而言之，整合观虽驳斥了“差异性主张”，但却让针对延展心智的“认知标志说”更加凸显了。

在这种情况下，假如我们能为认知过程提供一个充分合理的标志，则一方面能给予内外部过程的差异应有的重视，一方面又能重新引入“对等性”的概念，以免遭受“没有理由认为外部过程参与构成了认知”的质疑。重新引入的“对等性”不应简单地理解为特定过程间的相似性：我们必须坚定地维护内外部过程间存在显著差异的观点（因为这通常就是考虑外部过程的意义所在）。相反，我们重新引入的“对等性”是就认知过程所共有的某些抽象特征而言的——所谓“认知标志”，就意味着对这些特征的把握。这些特征足够抽象，因此既能为内部过程所有，又能为外部过程所具备，尽管内外部过程的更加具体的特征可能非常不同。这些抽象特征确保了认知涉及的外部过程的确是“认知性”的。（Rowlands，2009a，b，c）

4 耦合 - 构成谬误 91

根据亚当斯和埃扎瓦的说法，耦合 - 构成谬误有不止一种表现形式：

> 这（耦合 - 构成谬误）是延展心智理论最常犯的错误，其基本模式是将引导读者关注一些或真实、或虚构的案例，其中某个客体或过程以某种形式与某个认知主体耦合，由此得出结论称该客体或

过程构成了主体认知机构或认知加工的一部分。(Adams & Aizawa, 2001, 408)

鲁伯特也表达了类似的反对意见，只不过他要更审慎些。针对我（又是我!）关于延展心智的主张，他写道：

我们能使用内部编码表征外部存储的内容，但这一点究竟为什么意味着延展认知，而不是看似更合理地指向嵌入认知，罗兰兹并没有表达清楚。(Rupert, 2004, 410)

鲁伯特将延展认知和嵌入认知区分开来，这么做是没问题的。他质疑的是我们有什么理由将外部过程视为认知的成分，而不仅是支持真正的内部认知过程的某种外部“脚手架”。换句话说，我们有什么理由认为那些为延展认知背书的论证支持的真是延展认知，而不是嵌入认知?

我们可以用两种方式理解这种针对延展心智观的批评。其一，批评者或许会说延展心智观的支持者在论证时没有意识到认知及其“外部因果伴随物”是有区别的。也就是说，他们混淆了认知过程的构成成分及与认知过程因果交互的外部结构。老实说，这种言论可谓无稽之谈。延展心智观的支持者们非但没有混淆构成与因果性耦合，他们的观点恰恰是：某些在传统上被视为认知过程“外部因果伴随物”的东西，其实是认知本身的一部分。归根结底，如果 X 与 Y 一直被认定为不同的范畴（即便彼此存在因果关联），而现在有观点认为它们其实具有同一性，那无论怎样，我们也不能说这是对 X 和 Y 的混淆。

既然鲁伯特的批评是针对我的，不妨仔细审查一下我的延展心智观。在《寓体于心》这本书中，我提到在某些情况下，认知涉及
的外部过程——包括认知的有机体对其所处环境中外部信息承载结 92
构的具身的操纵和利用——具有某些一般性的、抽象的特征，而我们通常认为这些特征标志着相应的过程是“认知性”的。当然与此同时，上述外部过程与内部过程也存在一系列具体的差异，正如整合主义者强调的那样。有机体之所以调用外部过程，是为了完成认知任务，这些外部过程涉及信息加工，也就是对信息承载结构的操纵与转化。借助信息加工，原本“不可用”的信息对有机体就变得“可用”了。一言以蔽之，鉴于某些外部过程满足认知的特定判断标准，我认为对其“认知性”的地位应予以承认。

以上论证对克拉克和查尔莫斯的延展心智观同样成立。比如，他们认为对 Otto 而言，笔记本上的记录可视为信念的子集，因为这些条目在功能上与当前任务高度相关，其实现功能的方式又与（正常人大脑中的）信念足够相似。他们的论证其实是为了说明：许多我们通常认为只是认知因果伴随物的东西其实应该被视为认知的一部分。

但对延展心智观的这种批评还有另一种理解，它要比上一种更温和些：延展心智观的支持者们并非没有意识到构成关系不同于因果关系，只不过，他们在论证中出于各种各样的原因无视了这种差异，如我在《寓体于心》这本书中关于“延展的认知过程”的表述就是以某种既不明确也不充分的（认知的）判断标准为前提的。同样，克拉克和查尔莫斯的论证也建立在一个判断标准的基础上，那

就是：一个过程之所以是“认知性”的，是因为它与人们一直以来不持异议的认知过程足够相似——而这个标准（出于各种各样的原因）是不当的。

这些批评都有道理，值得好好回应。但它们其实都有类似“双刃剑”的特性。假设我的论证（还是我！）之前的确是以某种既不明确也不充分的认知标志为前提的，那么，如果我对认知过程拥有了一种明确、恰当且理由充分的判断标准，并且我在《寓体于心》中关注的外部过程也的确符合该标准，那我就有充分的理由支持心
93 智是延展的，而不只是嵌入的了。果真如此，批评者就没法说我混淆了因果与构成（不论是有意还是无意）。

因此概括地说，“耦合 - 构成谬误”和“差异性主张”一样，都是从“认知标志说”衍生出来的。如果延展心智观的支持者能为认知提供一个合适的判断标准，并证明他们关注的外部过程符合这个标准，批评者就没法说他们混淆了因果与构成。下一章我们就将为认知给出一个（我相信是）明确的、恰当的且理由充分的判断标准。

5　认知膨胀说

本质上，认知膨胀说提出的是一个限度问题，“Otto 的笔记本”就是一个典型的例子。我们可以回顾一下：在克拉克和查尔莫斯的想象中，Otto 是一位阿尔茨海默病的早期患者，他随身带着一个笔记本，记录了许多事实（比如，“现代艺术馆位于第 53 大街”），满

足他的日常之需。克拉克和查尔莫斯认为，笔记本上的每一个条目都可视为 Otto 信念的一个子集（至少是一种对他们的观点的理解），因为这些条目在 Otto 的心理生活中扮演的功能角色与信念在正常人（如 Otto 的朋友 Inga）的心理生活中扮演的角色足够类似。

在此基础上，认知膨胀说提出：如果我们相信 Otto 笔记本上的条目是他的信念，那干嘛要止步于此？Otto 常用的通讯录上的条目是不是他的信念？顺着这个逻辑我们还能继续追问：如果 Otto 能上网查询资料，为什么不能说互联网上的所有内容都是他的信念？毕竟他使用网络和使用笔记本的方式也没什么不同！

克拉克和查尔莫斯预见到了这种质疑，他们试图为自己的理论建起一道防火墙，指出信念有一个判断标准，那就是要得到信念持有者有意识的认同。Otto 笔记本上的条目是他的信念，但他的通讯录上的条目不是，因为 Otto 在某种程度上有意识地认同前者，对后者则未必。但这种说法是有问题的：信念的形成过程可以是阈上的（通过有意识的经验形成），也可以是阈下的（无意识地形成）。我们大概不会因为一个信念的形成过程是阈下的，就将这个信念排除在“认知状态”之外。[5]

在上一章中，我驳斥了克拉克和查尔莫斯关于“Otto 笔记本上 94
的条目可被视为其信念子集”的主张。我的延展心智观是完全建立在认知过程的基础上的，而非认知状态的基础上的。Otto 想起现代艺术馆的地址这个过程可以包括他对笔记本的操纵（翻阅），但这不意味着笔记本上的条目也能算是他的认知状态。后一种说法是不成立的。因此，既然针对克拉克和查尔莫斯的“认知膨胀说”是对认知状态（比如，信念）而言的，而我又驳斥了基于认知状态的延展心智观，你也许就会觉得我的延展心智观可以抵抗“认知膨胀说”了。

遗憾的是，并非如此。我对认知过程也能构造同样的质疑：假如我在用望远镜观星[6]，再假设这台望远镜是反射式的。对反射式望远镜而言，镜像会在其内部发生转化。这些镜像都属于信息承载结构——映射函数系统性地决定了该结构的特性，映射函数本身又是由镜片和观察对象的特性决定的。因此，望远镜的工作是以信息承载结构的转化为基础的。借助这种转化，我得以完成那些若非如此就无法完成的认知任务，也就是观察遥远的星体。因此发生在望远镜内部的过程是用于完成特定认知任务的信息加工操作。既如此，假如延展心智的主张是正确的，我们有什么理由认为望远镜内部的这些过程不算是认知过程？我们可以用这个逻辑设想出许多同类的例子，比如，有什么理由认为发生在我的计算器中的过程不属于认知？它们也是我用来完成认知任务的信息加工操作。如果克拉克和查尔莫斯的延展心智观无法绕开“认知膨胀说”，我的（基于认知过程的）延展心智观也一样。

我将指出——但不是在现在——延展心智观要应对“认知膨胀说”，就需要为认知提出一个恰当的判断标准。在这个标准的基础上，“所属”（ownership）的概念是回应当前质疑的关键：发生在望远镜和计算器中的过程不是认知性的，因为它们不**属于**任何人。我
95 将指出任何事物如果要是“认知性”的，就必然**属于**某人或某物。对这个主张的论证必须留待我们澄清了认知的判断标准后进行。

6　认知标志说

“认知标志说”有两种形式。一种（审慎版）认为支持延展心智观需要我们拥有对认知的恰当的判断标准，但我们没有这样的标准。另一种（乐观版）则认为我们确实拥有这样一个标准，而正是这个标准决定了我们必须拒绝延展心智观。我将指出，不论是审慎版的，还是乐观版的认知标志说都站不住脚。为此，我将给出一个（我认为是）明确的、恰当的且理由充分的认知判断标准，并指出它与延展心智观绝不矛盾——相反，该标准是对延展心智观的一种支持。

因此，如果我们能给出一个恰当的认知判断标准，就能很好地应对“认知标志说”，并且如果本章的论证是正确的，还能很好地应对针对延展心智观的其他三类挑战。我将在下一章给出这样一个标准。

7　具身心智及其反对意见

我们已回顾了针对延展心智观的各类质疑，很明显，这些质疑（若加以调整）都适用于具身心智观。请注意，这些反对意见是有针对性的——仅适用于我在上一章中认同的具身心智观。也就是说，它们仅针对强调身体（部分）**构成**心智的本体论诠释，而不针对强调心智**依存**于身体的本体论诠释，或涉及如何理解认知过程的认识论诠释。归根结底，这些质疑以不同的方式提出了同一个问题：有什么理由认为具身心智观强调的是本体论构成关系——它的主张果真有这么强吗？

（1）差异性主张：传统的神经性的认知过程与具身心智这一论题涉及的更加宽泛的身体过程间存在显著差异，这就让我们对能否将它们视为单一心理“类”的不同的“例”怀有疑虑。

96 （2）耦合－构成谬误：具身心智观混淆了认知及其“外部因果伴随物”，也就是说，它混淆了那些构成认知的结构/过程和那些认知（仅）因果性地嵌入其中的结构/过程。

（3）认知膨胀说：将身体过程纳入认知会将我们置于一个尴尬的位置——我们该在哪里打住？认知的概念将变得过分宽泛，我们将被迫承认所有那些显然并非“认知性”的过程其实也是“认知性”的。

（4）认知标志说：任何一种对认知的可能的判断标准都不支持具身心智将身体过程纳入认知的主张。

再强调一次，出于同样的原因，“认知标志说”是上述质疑中的关键。其他所有的反对意见要么预设了某种认知标志，要么可通过提供某种恰当的认知标志来加以回应。

就“差异性主张”而言，具身心智观承认（传统意义上的）认知过程与它认为同属认知性的更加宽泛的身体过程间的确存在显著差异。毕竟上述身体过程并非神经性的，这种差异也就不可避免了。但是，如果具身心智的主张能证明这些身体过程在与相关神经过程恰当地结合后也满足某种可能的认知判断标准，则尽管仍有差异，也可以认为它们同属认知过程。

根据“耦合 – 构成谬误”，具身心智观混淆了认知过程及其（因果性地）嵌入其中的更加宽泛的结构。换言之，具身心智观表面上是在主张更宽泛的身体过程构成了认知过程，实则只是在说认知过程因果性地嵌入更宽泛的身体结构与身体过程之中。但再次强调，如果具身心智的主张能证明这些宽泛的身体过程在与相关神经过程结合后满足某种可能的认知判断标准，就能很好地回应上述质疑：有了这样的判断标准，具身心智的主张就有了依据，我们也将有理 97
由认同一直以来被认为仅扮演外部“脚手架”的身体过程其实也应纳入有机体的认知操作中去。

对“认知膨胀说”的探讨将留待我们提出所谓的“明确的、恰当的且理由充分的认知判断标准”后进行。我将在下一章给出这样一个判断标准。但与探讨延展心智时类似，“所属”的概念仍是提出恰当认知标准的关键：任何我们视为“认知性”的过程都必须属于某个认知的有机体或主体。我将指出，“所属”的条件将有助于我们对“认知膨胀说”做出有力回应。

可见所有针对具身心智观的质疑最终都体现为“认知标志说”。要支持具身心智观，我们就要证明：神经过程与更宽泛的身体过程**的结合**满足某种“明确的、恰当的且理由充分的认知判断标准”。我们无须证明“宽泛的身体过程”**本身**就满足这种判断标准，这也不是具身心智的主张，否则它就真有些傻气了。相反，具身心智的主张是：这些宽泛的身体过程在与特定类型的神经过程结合后可满足上述判断标准。同样，我们也曾强调延展心智的主张其实是：神经过程与操纵环境结构的过程**的结合**可视为“认知性”的，而不应孤立地探讨认知的有机体身体外部的过程本身。

我将在下一章提出一个“认知标志”（即认知的判断标准）并予以论证。我认为根据该标准定义的“认知”一方面与认知科学的内部主义传统相符，一方面又是对具身心智与延展心智主张的支持而非削弱。

8 具身心智与延展心智的结合

针对“融合心智”的第三类挑战并非单纯地质疑具身心智或延展心智的主张，而是质疑二者结合的可能性。其基本观点是：具身心智与延展心智各有一系列假设，这两套假设差异极大——事实上，它们根本就是不相容的。如果这种观点是正确的，鉴于我们的“新科学”建立在“具身”与“延展”的理念之上，它的概念基础就很不牢靠了。为此，我有必要对具身心智与延展心智的基本假设加以详细审查。我就从延展心智开始。

98 **资料库 4.1 功能主义**

功能主义根据因果关系或功能角色定义心理现象。以化油器为例——这是位于（老式）汽车发动机内某处的一个物理实体（它在相当程度上已被燃料喷射系统所取代）。当我们问“化油器是什么”（或更准确地说，当我们问“是什么让某物成其为化油器”），答案是：化油器是因其功能（“做什么”）而定义的。粗略地说，化油器就是从燃油歧管吸入燃油，从空气歧管吸入空气，以适当的比例将二者混合，再将混合物输送到燃烧室的装置。一辆车上的某个部件若能实现上述功能，它就是这辆车的化油器。化油器的模样大都差不多，但这充其量只是一个巧合，因为对化油器来说，长什么样和能否实现上述功能并没有必然联系。与功能角色相比，物理结构和功能的实现细节是次要的，因为让某物成其为化油器的是它的功能，而非别的什么。当然，并不是什么物理实体都能扮演化油器的角色——一坨果冻就不行，因此功能的实现细节并非全无关系，但只要物理结构合适（可用于实现化油器的功能），该结构具体是怎样的就无所谓了。

功能主义对心理特性持类似的主张。换言之，某特性因其功能角色而定义。心理现象的所谓“功能角色”指的具体是什么？基本可以说，指的是这些心理现象彼此间，以及它们与知觉和行为间的关联性。这些关联关系尽管复杂，但原则上可加以分析。以信念为例，假设你有一个信念是“外面在下雨”，而让你产生这个信念的是对特定环境条件（最明显的就是外面真在下雨）的知觉。当然，对其他环境条件的知觉也能让你产生这个信念，如有人浇花时将水溅到了你的窗户上，但其最典型的诱因还是下雨。接下来，信念就能让你产生特定类型的行为，如出门前会想着带上雨伞。不过，信念并非仅靠自身就能对行为产生影响，它必须与其他心理状态结合起来：你会带伞，是因为你相信在下雨，而且不想被淋成个落汤鸡。你的所思所想（欲望）——保持干燥——对你产生“带伞”这个行为而言同样是必要的。此外，你的信念－欲望组合之所以会让你带伞，还是因为你相信伞有用，这又是因为你相信外面风不算大，伞还撑得住……最后，你还得相信你从鞋柜上拿起的东西确实是把雨

> 伞，诸如此类。这样，一个由知觉、行为和各种心理状态组成的庞大而复杂的网络浮现出来。根据功能主义，每一种心理状态都是由它在这个网络中所处的位置，也就是由它与知觉、行为和其他心理状态的关系定义的——根据功能主义，定义一种心理状态，就是确定该心理状态在相应网络中的位置。当然，这种定义必然长得吓人，我们穷尽一生也未必能对每一种心理状态给出这样的定义。但撇开其可行性不谈，功能主义的优点在于其就“心理状态是什么”给了我们一种大致的印象：各种心理现象构成了一个巨大的因果系统，其中包含错综复杂的因果关联关系，每种心理特性因其在系统中所处位置而定义，包括它与其他心理状态、知觉刺激和行为反应的关系。(同见资料库 1.1)

延展心智最重要的假设应该就是对心理状态/过程的功能主义假设了（Clark，2008a，b）。事实上，延展心智观预设的功能主义是一种非常开明的功能主义。如前所述，克拉克和查尔莫斯设计的 Otto 的例子就阐明了他们的功能主义立场。笔记本上的条目能否视作 Otto 的信念取决于这些记录与 Otto 的知觉、行为及其他心理状态间的相互作用。因此，当 Otto 有观展的欲望时，笔记本上的条目就会让他奔赴第 53 大街。大体上，克拉克和查尔莫斯认为对 Otto 的心理活动而言，笔记本上的条目在功能角色上足够类似于 Inga 的信念在心理活动中扮演的角色，因此这些条目也应视为 Otto 的信念。虽然它们与惯常意义上的信念确有不同，但这些差异只是浅层的——我们不能因此否定它们作为信念的资格。

100 就延展心智的界定而言，这种对功能主义的强调并非克拉克和查尔莫斯的专利。我在《寓体于心》中也曾主张根据认知过程“做什么”和“如何做”去定义它们，这也是我在书中陈述的延展心智观的基础。大略地说，我的见解是：认知过程是这样一些过程——它们的功能是支持有机体完成认知任务（包括知觉世界、记住知觉到的信息，以及基于记忆中的信息实施推理），是通过操纵、转化和利用信息承载结构实现的。我认为作为一个偶然的事实，这个过程涉及的一些信息承载结构位于认知的有机体身体外部，因此相应的操纵过程同样是外在于身体的。所以，在这个意义上，我的延展心智观也是功能主义的。

事实上，现有大多数学者所持的延展心智观都是功能主义的。非但如此，基于对功能主义的一种理解，延展心智简直就是直截了当、水到渠成的结论。[7]人们普遍认为，功能主义源于一种对实现心理过程的物理结构之细节的原则性漠视。对心理状态或心理过程来说，重要的是功能角色，而非物质实现。当然这种对物质实现的漠视也是有原则的：我们讨论的结构或机制必须能够实现定义某心理状态或过程的功能角色，但只要满足了这个原则，就不需要别的条件了。只要能实现某些功能，别的细节都不重要。换言之，物理结构或机制的相关性只是间接的——当且仅当它们承担或实现了某个功能角色之时。对功能主义者而言，如果某物走起来像只鸭子，叫起来也像只鸭子，那它就是只鸭子：它具体是如何走得像鸭子、叫得像鸭子的，则并非直接相关的事实。

延展心智是功能主义的进一步推演，我们可能对这种推演没那么熟，但它同样很直观。功能主义将空间位置与物理结构与机制的细节置于同一重要水平。对某物能否视为心理状态或过程而言，唯一直接相关的只是其能否扮演所需的功能角色。它靠**何种**机制扮演该角色并不重要——只要该机制能够扮演该角色即可。重点是，扮演对应功能角色的机制位于**何处**同样并不重要——只要它确实扮演了该角色即可。如果我们像这样理解功能主义，扮演特定功能角色
101 的机制的位置就不会比这些机制的物理细节更重要：它们都只是非直接相关的事实。功能主义首先关心的永远是特定功能是否得以实现，而不是它们如何或在何处得以实现。某物如何走得像鸭子、叫得像鸭子和某物在何处走得像鸭子、叫得像鸭子都不属于功能主义者关心的问题。

这种对功能主义的理解有时也称“开明的功能主义”，与“保守的功能主义”不同。我们对一个过程的功能的描述可以在许多不同的解释水平上进行，它们或许都是有用的。因此，功能主义确有某些“版本”重视某物**如何**走得像鸭子和叫得像鸭子。鲁伯特就持这种保守的功能主义立场，他基于差异性主张批判延展心智观的作品（Rupert, 2004）可谓影响深远。鲁伯特认为，内部认知过程与延展心智所引发并声称是认知过程的环境过程间存在显著差异，因此后者不应被认为与前者同属心理范畴。

举个例子，鲁伯特在批判《寓体于心》中关于延展记忆的理念时指出，内部记忆操作过程在具体细节上与 Otto 使用外部记忆存储的方式非常不同。比如，（神经性的）内部记忆操作似乎受所谓的“生成效应”的影响：如果允许被试在两个配对项之间生成有意义的关联，则在向被试呈现第一项时他们回忆起第二项的能力将得到提

高。鲁伯特指出，至少在某些延展记忆系统中，这种生成效应是不存在的。假如 Otto 的笔记本上各条目间确有关联，但这些条目是由别人，而非 Otto 自己记录的（这一点很重要），基于这个笔记本的延展记忆系统就不会产生生成效应。鲁伯特也承认假如 Otto 自己记录了这些条目，也了解它们间的关联（这当然就与克拉克和查尔莫斯构想的情况更贴近了），生成效应就可能产生。但他指出，对一个延展的记忆系统来说，卡拉克与查尔莫斯构想的只是一种偶然情况。总而言之，鲁伯特认为内外部记忆系统间的这些差异让我们无法将它们解释为同一类型。

我认为鲁伯特的主张里有好几个漏洞。最明显的是，我们可以 102
假设某人的内部生物记忆一切正常，只不过（不论出于什么原因）未能产生生成效应。如果询问他一些事实性问题，假使他了解那些事实，就能正确地回应；假如我们让他描述童年时的一些经历，他也能做到。简言之，他的记忆方方面面都十分正常，除了一点：无法产生生成效应。我们能说在这种情况下他并非真记得什么吗？不行吧。生成效应属于人类记忆的“外围特征”，也就是说，如果只缺这一样，是绝不足以让我们拒绝承认一个过程属于记忆（回忆）的（Wheeler，2008）。

不过，比起在这里评价鲁伯特的主张，我更想将他的预设提炼出来。他所持的也是一种功能主义立场，只不过更加保守，因此为延展心智观所排斥。鲁伯特的基本观点是：就某个心理“类”之同一性的决定条件而言，功能上的粗粒度描绘本身是不够的，我们还需要细粒度的描绘（具体细节），生成效应就是其中一例。

但延展心智观不接受这一点，因为它持更加开明的功能主义立场，只关注整体功能是否得到了实现。鲁伯特则主张功能上的具体细节同样重要，在这个意义上，他陷入了循环论证（Wheeler，2008）。要想避免循环论证，选择鲁伯特预设的保守的功能主义就需要一个独立的理由。鲁伯特预想到了这种回应，为此，他指出：任何足以涵盖内部记忆和延展记忆的心理“类”都太过缺乏细节，以至于在解释上毫无用处。但这样一来，他在循环论证中似乎就陷得更深了。事实上，如果一个人在与记忆和提取相关的各个方面都与常人无异，只是没法产生生成效应，我们是没法否认他有能力记住什么的。因此，生成效应似乎应视为记忆的偶然特征，而非定义条件。这也正是开明的功能主义所持的立场。果真如此的话，我们就没有理由质疑延展的系统也能够记忆了。

103 延展心智观建立在开明的功能主义的基础之上，认为特定过程是否（类）同一于某心理“类”取决于其能否实现后者的整体功能。对上述观点的任何反对意见其实都预设了更加保守的功能主义立场，也因此难免陷入循环论证。但指控一种反对意见是循环论证，有时也会伤及我们想要为之辩护的观点本身。就说记忆：指出生成效应只是一种外围特征，不可用于确定一个过程是否属于记忆是一回事，主张我们有理由偏好开明的而非保守的功能主义则完全是另一回事。理由有二：其一，或许记忆有别的一些特点（一些不同于生成效应的特点），对确定一个过程可否视为记忆更加重要，而开明的功能主义对功能类型的粗线条描绘或许无法体现这些特点；其二，或许开明的功能主义只是更适用于某些类型的认知过程，而保守的功能主义更适用于其他的类型，果真如此的话，对保守与开明的功能主义的选择就要具体问题具体分析了。但谁有资格来分析，用什么标准来分析，我们又根据什么来选择呢？

但是，我们还有一个更紧迫的问题。如果延展心智观确实依赖某种开明的功能主义，在许多人眼中，这几乎就使其与具身心智观两不相容了。因为“人们（至少是具身心智观的主要支持者）通常认为，这种观点对任意形式的开明的功能主义都是排斥的”（Clark，2008a）。正因如此，我们在上一章看到了夏皮罗是怎样批判他所谓的“可分离性主张”（ST）的。根据 ST，身体对心智并非本质上不可或缺的，人类的心智完全可以存在于非人类的身体之中。在夏皮罗看来，ST 实际上就反映了一种开明的功能主义。我们已经看到，根据开明的功能主义立场，一个认知过程的物质实现的细节固然重要，但其重要性只是衍生性的——真正重要的是它们是否实现了特定功能。因此，如果一具非人类的身体也能实现特定功能，而这些功能又定义了人类认知，（仅凭这一点）我们就能说非人类的身体完全可以承载人类的心智。

不过，虽说夏皮罗的具身心智观与开明的功能主义不兼容，它与更加保守的功能主义倒是十分合得来。我们可以回顾一下他的 104
“潜艇操作手册类比”。这个类比驳斥的不是认知过程的功能主义解释本身，而是一种特殊的——说白了就是开明的——功能主义解释。人们可能认为，一种更复杂的功能主义或将接受这样的观点，即对功能角色的理解离不开容纳、支持这些功能角色的身体结构。潜艇操作手册的情况就是如此：它包含一系列关于如何操作潜艇的指令，但这些指令无法脱离潜艇本身的特征。比如，关于增加潜深的指令可能是这样的："将最左侧红色阀门顺时针转动三圈后，保持阀门位置，直到右侧第二列蓝色灯泡开始闪烁，再将阀门逆时针转回去。"除非已经在操纵潜艇，或至少人已经在这艘潜艇中，否则在读到上述指令时，你会一头雾水：既不知它在讲什么，又没法根据它行事。即便如此，我们也能将操作手册视为某种功能程序。它作为程序就在那儿，不管潜艇是否存在都不影响这一点。只不过没有了潜艇，这个程序没法运行，也没法被正确地理解。

这种形式的功能主义与夏皮罗的身体中心立场相容，但不够抽象，没法作为标准的延展心智观的基础。简而言之，夏皮罗的身体中心立场并不排斥功能主义，但只能是那种足够保守的功能主义，需要明确身体结构和生理机制。相比之下，我们已经知道延展心智观预设了一种开明的功能主义，若非如此，它就经不住鲁伯特的质疑（Rupert, 2004）。当然，假如世界上有这样一种"通用"操作手册，它足够抽象，足以指导我们操纵不同型号的潜艇乃至任意类型的载具，具身心智与延展心智就有望重新和解。但具身心智观的基本立场其实就是：这种通用操作手册根本不存在。

9 融合心智如何进一步发展

本章明确了融合心智主张的进一步发展所需的两点必要条件。其一，我们需得解决功能主义的问题，这对融合心智的主张至关重
105 要：①延展心智依赖开明的功能主义，因此难免被斥为循环论证；

②更麻烦的是，对开明的功能主义的依赖可能让延展心智与具身心智不相兼容，毕竟后者只能接受相对保守的功能主义。因此，发展融合心智主张的第一个必要条件就是要解决关于功能主义的问题。

我将在后续章节指出，要做到这一点（假如能做到的话），功能主义就必须“出局”。因此我将在第 7 章和第 8 章论证：对延展心智和具身心智——也就是融合心智——而言，功能主义并非必要的前提。这当然不意味着我所主张的融合心智就一定与功能主义不兼容，但它确实无须依赖功能主义，不论是开明的还是保守的功能主义。事实上，它提供了一种方法，让我们能在特定情况下就开明的与保守的功能主义相互竞争的主张做出裁定。此外，鉴于融合心智出于同样的理由既支持具身心智又支持延展心智的主张，二者的兼容性也不再成其为问题。

其二，我们需得为认知提供一个明确的、恰当的且理由充分的标志或判断标准。因为，我们需要这样一个判断标准来为延展心智的主张辩护，驳斥那种声称“延展心智观所支持的其实只是嵌入心智观”的观点（这也是认知膨胀说、耦合 - 构成谬误背后的担忧）；我们还需要这样一个判断标准来为具身心智的主张辩护，（相应地）驳斥那种声称“认知过程只是对宽泛意义上的身体结构与过程有所依赖，而非由后者参与构成”的观点。也就是说，我们需要这样一个判断标准来证明延展心智与具身心智的主张支持对认知的构成性而非依存性的诠释。

这两点必要条件间的关联虽不明显，但相当重要。下一章我将给出一个符合要求的认知判断标准，其由四个要件构成。我相信任何过程只要满足这个标准，都能被视为“认知性”的。在构成该判断标准的四个要件中，前三个很好理解，第四个——“所属”条件，也就是任何过程只有属于某认知主体或有机体，方可成其为认知过
106 程——则非常微妙。不存在没有主体的认知过程。要说清楚一个主体在何种条件下才能拥有其认知过程是很困难的，这也将占据本书剩余篇幅中的大部分。我们将致力于以一种清晰有力的方式解释认知过程的所属关系，并在此过程中发展一种全新的融合心智观，其不依赖功能主义，并且能用单一的指导原则整合具身心智与延展心智的主张。若一切顺利的话，这将是我们所能想象的最为强大的融合心智观。

我将在下一章提出的认知判断标准将融合心智所面临的两大问题关联起来了。有了这个判断标准，我们就能将迄今为止分别针对具身心智和延展心智的论证统统抛在脑后。满足该判断标准的第四个要件（即“所属”条件）需要我们建立一套融合心智观，同时囊括具身心智与延展心智的主张——以同等的程度，出于同样的理由。这套融合心智观有助于我们理解为何具身心智与延展心智说到底是一枚硬币的两面——在辩证方面，明确认知的判断标准将产生一石二鸟的效果。

新认知科学

The New Science of the Mind

从延展心智到具身现象学

第5章

认知的判断标准

107 1 判断标准有什么用?

一门科学需要在何种意义及何种程度上理解其研究对象？答案似乎很明显——如果连自己研究的是什么都不知道，科学家又该怎么去研究它呢？但是，事情也并非总是这么显而易见。举个例子，在开始研究以前，物理学家是否需要对事物何以成其为“物理性的”有准确的，乃至充分的理解？生物学家又是否需要为事物何以成其为“生物性的”给出明确定义？对这些问题的答案大概是“否”。在物理学的历史上，人们对“物理性”的理解经历过多次革命性的改变；生物学研究有生命之物，但关于生命的实质人们至今仍未达成共识。我们最多只能在相关学科的发展中慢慢接近“物理性”和“生物性”的内涵。果真如此的话，充分理解研究对象就并非相应科学研究的必要前提。

认知科学家主要持两种态度。其中一种态度是实用主义的，即主张认知科学的使命只是在不同的抽象水平上为认知过程建模。那些更为深刻的问题，如怎样理解认知过程的本质则是哲学家们需要操心的事，与认知科学自身的研究没什么瓜葛。另一种态度我认为更为可取，其主张认知科学的使命是加深我们对认知这一概念的理解，这种理解是在学科发展的过程中逐渐深化的，而非从一开始就足以指导我们的研究。这种态度与一种传统理念遥相呼应，即科学研究不仅致力于解释现实世界，而且从一开始就具有自我解释的可能性，这也是科研工作的基本成分之一（Heidegger，1927/1962）。 108
具体到认知科学，则从来没有多少人（虽说也不是完全没有）相信我们需要足够了解认知才能去很好地研究它。

我们将在本章为认知提出一个判断标准。大略地说，这个标准将告诉我们哪些过程是认知性的，哪些则不是。但要强调，这并不是因为我相信认知科学缺了这样一个标准就“玩不转”了。相反，虽说认知科学本身不需要一个这样的标准，融合心智观没有它却真不行。前面已经讲过，融合心智观要有“自己的东西”，就绝不能与依存性或嵌入性主张画等号——不论是嵌入环境还是嵌入身体，因为这种主张很容易退回到“笛卡尔认知科学”的范畴中去。要想避免这种倒退，融合心智观就要证明对身体与环境的操纵和利用的确属于认知过程的构成成分，当然后者也包括不可还原的内部神经过程。因此，我们的目的是要证明对身体与环境结构的操纵和利用满足认知的判断标准。诚若如此，则对身体与环境的操纵与利用就能被合乎情理地视为认知过程的构成成分，而不只是某种因果伴随物了。

2 判断标准之判断标准

认知的标志或判断标准可用于判定某过程是否“认知性”的，究其根本，它们就是特定过程之为认知过程的充分条件。我们也许还想知道有没有什么判断标准能用于确定某过程不属于认知过程，如果真有，它们其实就指明了特定过程属于认知过程的必要条件。本章的目的是为认知过程提供充分条件，仅此而已——我无意追寻后一种判断标准，也无意为我的标准抬高身价。我们很快就将看到，要回应针对融合心智观的质疑，做到这些就足够了。同时我们也将看到，要为认知找到一个足够理想的判断标准（标志）并加以维护，具体又该怎么做。

109 既然我们的判断标准可视为认知过程的充分条件，下一个问题是：我们具体要如何给出这样的判断标准？我们将列出一系列条件，使任何过程只要满足这些条件，就都能被视为认知过程。如此，这些条件就将一同构成我们的判断标准。如果上一章的论述是正确的，这样的判断标准显然就是延展心智观所亟需的：针对它的所有质疑归根结底都指向它未能给出一个这样的标准。具身心智观也需要这样的判断标准，否则更宽泛的身体结构与过程是参与构成了认知，还是仅为后者所依存就很难说清楚了。但是，即便暂时不考虑具体内容，我们也要首先明确这样一个判断标准可能是**什么样子**的。具体而言，就是要明确其**范围**与**特征**。

我们先考虑范围。“认知”这个概念有狭义与广义之分，狭义的认知通常是与知觉（当然也包括感觉）相对的一个概念。换言之，在这个意义上，认知专指知觉后的加工处理。相比之下，广义的认知包括知觉加工。我们在本章和本书剩余部分提到“认知”这个概念时，都默认是指广义的认知。认知过程的判断标准界定的也是广义认知过程。

我们再考虑特征。认知的判断标准应该是什么样子的？这需要我们区分两套方案：一是对心智的哲学意义上的还原，如果采用这套方案，我们就要以一种“完全非认知的”（至少一开始是“非完全认知的”）方式定义“认知”。这套方案看似相当理性，但我认为它很成问题。另一套方案是对心智的认知性（科学性）的理解，它不要求我们用一种自然主义的方式（以“非认知的”方式）还原认知，相反我们只需要以一种合理的（未必一定要无懈可击的）精确 110
性将我们感兴趣的与不感兴趣的事物区分开来。

我将基于第二套方案提出认知的判断标准。这套标准（我认为）足以应对延展心智观与具身心智观——统称融合心智观——遭受的质疑。背后的理念是：假如我们想要理解认知过程是什么，最好密切关注认知科学家们认定为“认知性”的那些事物，尝试提炼其一般原则，也就是认知的一般概念，以解释他们何以如此做出这样的认定。这当然不意味着认知科学家们说什么，我们就说什么。认知科学家也是人，也会犯糊涂，他们在某些情况下使用的认知的一般概念完全可能与认知的某些标准不符，甚至他们压根就没考虑过这些标准。在某种意义上，我们之所以要确定认知过程的判断标准，正是为了让①关于特定过程是否属于认知过程的判断与②由认知科学研究所反映的关于认知的一般概念保持一致，也就是让具体判断尽可能地符合一般原则，或是在二者间实现某种“反思上的平衡”，正如约翰·罗尔斯（John Rawls）在有类似结构的另一个语境中所形容的那样。

不过，我们的出发点必须是认知科学研究本身，以及认知科学家们关于哪些过程属于认知过程的具体判断。我所提出的认知判断标准之所以是“明确的、恰当的且理由充分的”，正是因为它首先要经受认知科学实践的严格审查。

3 判断标准的内容

我们先看看所谓“明确的、恰当的且理由充分的”判断标准到底是什么。通过对认知科学实践的深入审查，我们将认知的内隐标志或判断标准概括如下：

一个过程 P 是认知过程，若：

（1）P 涉及**信息加工**，也就是对信息承载结构的操纵和转化。

111 （2）信息加工的**本征功能**是使加工前不可用的信息对主体或后续加工操作可用。

（3）使信息可用的途径是在 P 的主体内部产生一个**表征状态**。

（4）P 作为过程，**属于该表征状态**的主体。[1]

在我们展开论证前，有必要对上述判断标准的总论及构成成分做一番介绍。

总论

如前所述，我们的判断标准意在给出认知过程的充分条件，仅此而已。一个过程若满足以上四个条件，它就是一个认知过程。我们不能据此声称一个过程若不满足这些条件，它就不是一个认知过程。不排除认知过程或存在其他的判断标准，但其他（可能的）判断标准并未由当前认知科学研究所体现或承认——我已强调过任何判断标准首先都要经受认知科学实践的严格审查。

条件1

认知过程涉及信息加工已是大家公认的了。事实上，认知科学对其核心概念——认知——的界定一直就有这样的传统。经典认知科学关注的是有机体或系统的内部状态，这些内部状态携带了关于外部状态或事件的信息。本质上，这里的“信息”是克劳德·香农界定的信息（Shannon，1948），至少与其非常接近。在香农看来，信息是由条件概率关系定义的：感受器r携带了源s的信息，当且仅当给定r时s的概率为1（见Dretske，1981）。一些没那么严格的观点则将“携带信息”与条件概率的增加挂钩（尽管不一定要增加到1）。换言之，r携带了关于s的信息，当且仅当给定r时s的概率大于给定非r时s的概率（Lloyd，1989）。

信息定义的严格与否不影响我们界定认知。认知过程是对信息承载结构的一系列转化，这些转化遵循特定的规则或原则，正是这
些规则或原则决定了相应的认知过程的特点。我们很快就将给出一 112
个典型的例子。

条件 2

条件 2 的核心是“本征功能”（proper function）这一概念。我对本征功能的定义源于米利根（Millikan，1984，1993）：事物的本征功能指它“应该做什么”或“被设计用来做什么”。心脏的本征功能是泵血；肾脏的本征功能是处理废物；诸如此类。之所以在认知的判断标准中援引“本征功能”，是为了提醒我们认知在某种意义上是一个**规范性**概念：认知过程的运行也许能、也许不能实现特定功能，但我们定义认知过程依据的是它们“应该做什么”，而不是它们“实际上做到了什么”。此二者间的区别至少可以通过四种方式表现出来：

（1）尽管一个认知过程 P 的本征功能是让原本“不可用”的信息变得“可用”，在特定情况下它也未必能实现这一功能。事实上，它可能压根儿就没法实现这一功能，要么是因为其自身实现该功能的机制出了问题，要么是因为那些本应接受其输出信息的机制出了问题。这就像一个病变的心脏可能没法很好地泵血，但它仍是一个心脏，它“应该做”的仍是泵血。同样地，如果与心脏相连的血管出现了栓塞，即便心脏本身运行正常，它的本征功能也没法实现。

（2）除实现本征功能外，P 还会做其他一些事，但它们不属于 P 的本征功能，因为它们没有解释为什么 P 这套机制在激烈的竞争中得以留存至今。这就像一个心脏除了泵血以外，还会发出“砰砰”声，并且能在心电图上留下记录。后两者也属于心脏的因果效应，但并不是它的本征功能。对此的粗略解释（它未必经得住细节的推敲）是：能“砰砰”响但不会泵血的心脏是不受自然选择青睐的，能泵血但不出声的心脏则不然。

（3）P 也许只有在环境中或有事项 C 存在时才能实现其本征功能，让信息对某主体或后续操作可用，而 C 有时不存在——原则上，它可能一直不存在。比如，精细胞的功能是让卵细胞受精，但大多数精细胞因为“生不逢时”，都没法实现这个功能。

（4）P 可能只有与大量（甚至是巨量）其他过程配合才能实现本征功能。在这种情况下 P 的本征功能能否实现就取决于其他过程 113
能否实现它们的本征功能了。比如，肾脏只有与一个工作正常（能产生废物）的循环系统相连才能处理废物。

总而言之，认知过程是由它们“本该做什么”，而非“做到了什么”界定的。有缺陷的认知过程依然是认知过程，这就是为什么条件 2 要强调“功能”。但认知过程在功能上有其特殊性，无法用心脏、肾脏和精细胞来简单类比。大体而言，认知过程的一般功能可分为两类，都涉及信息加工，区别仅在于它们分别使信息**对什么可用**，也就是为什么提供信息。有些认知过程为认知的主体（通常是有机体）提供信息，记忆就是一个例子：如果它运行正常，就能为我提供可用的信息。知觉和推理亦然。但有些认知过程的服务对象不是有机体，而是其他无意识的信息加工操作。举个例子，根据马尔的视觉理论（Marr，1982）——我们先前探讨过，很快又将再次探讨——网膜视像会转化成未经处理的初始简图，这个过程就不是为视觉主体（比如，你和我）服务的，而是为后续的无意识加工过程服务的：这些后续加工过程致力于将未经处理的初始简图转化为完全的初始简图。

为主体和为后续加工操作提供可用信息是不同的，这点区别非常重要。事实上，它在本书剩余部分的论证中扮演关键角色。我们由此引出两种认知过程，分别是个体的（personal）和亚个体的（subpersonal）：为主体提供可用信息的认知过程是个体水平的，即便它们同样也为后续加工操作提供可用信息。[2]但那些只为后续加工操作提供可用信息的认知过程就是亚个体水平的了。二者以两种不同的方式属于表征的主体，我们将在后续部分详细讨论。

114 **条件 3**

如今在一些圈子里流行这样一种观点：认知科学完全可以废除“表征”的观念。我认为这种观点完全没搞清楚情况，但也情有可原，毕竟我们面对的是像“表征”这样一个定义模糊的概念。但别忘了，条件 3 只是认知过程的充分而非必要条件，因此如果你相信认知不需要表征，我也没有异议——至少这与本章的论题不相冲突。但基于表征的观念制定认知判断标准的做法在策略或辩证上确有充分的理由。

首先，我们会看到，对延展心智观的一些反对意见（体现为各种形式的差异性主张）预设了认知离不开表征（事实上，是离不开一种特定类型的表征）。如果从一开始就否认这一点，我们将难免被指为循环论证。其次，认知科学家们在创建理论时一直有援引“心理表征”这一概念的传统（时至今日依然如此），对“认知需要表征”的质疑仍伴随诸多争议，为论证延展心智与具身心智观，围绕我的预设争议自然是越少越好。我将使用认知的判断标准捍卫延展认知、具身认知，并进而捍卫一般意义上的心智的“新科学”。因此，在制定认知的判断标准时，我将任理性的反对者们予取予求。我将专注于那些我能搜集到的最经典、最保守，甚至是最守旧的认知科学实践，在此基础上制定认知的判断标准。而后我将证明：即便依据这些标准，延展心智与具身心智的主张依然成立。换言之，认知的判断标准虽植根于保守的土壤（即便最顽固的传统捍卫者也必须接受这一点），却能结出激进的果实。

既然我已经解释了为什么制定认知的判断标准要援引“表征”这一理念，接下来就该进一步澄清其内涵了。条件3对表征最终是否是一种自然主义现象不持立场。许多人都相信表征应该有基本的自然主义条件，当（或许是仅当）一种状态符合这些条件时，我们才能视其为“表征性”的。条件3则既不支持又不排斥这种自然主义假设。

关于条件3，我们还需要明确以下三点区别：一是“表征的” 115
和“语义上可评价的”之间的区别，二是衍生的和非衍生的表征之间的区别，三是个体的和亚个体的表征之间的区别。

（1）“表征的”和“语义上可评价的”

当且仅当一个状态具备真值条件时，我们才说它是“语义上可评价的”，也就是说，我们可以将其认定为“真”或“非真”。表征状态则与其所指不同。我们不应假设所有表征状态都是语义上可评价的：表征状态必须具备恰当性条件，但无须具备真值条件。心理模型或认知地图就属于这种情况：它们具备恰当性条件，但不具备真值条件（McGinn，1989a，b），也就是说，心理模型或认知地图可以是“准确”或“不准确”的，但不能是“真”或“非真”的。因为（根据戴维森的见解）真值条件必然关联于逻辑连接词（“与”“或”“非”及其变体），而心理模型不像句子那样关联于这些连接词。比如，一个句子的否定等价于另一个具体的句子，但心理模型（或认知地图）的否定（如果有意义的话）则无法等价于另一个具体的心理模型（或另一幅具体的认知地图）。同样，两个句子的析取产生另一个句子，但两个心理模型（或认知地图）的析取则不会产生另一个心理模型（或另一幅认知地图）。我相信真值条件和逻辑连接词之间的关联性是不容置疑的，尽管这一点经常被奇怪地忽视。这与接下来的论证关系不大，但我们要强调：条件 3 设定的“表征状态”并不意味着我们认为这些表征是句子式的，也不意味着我们预设了一种“思维语言”。

（2）衍生的和非衍生的内容

我们很快就将澄清，条件 3 中的“表征状态”是非衍生的。也就是说，这些“表征状态”有非衍生的内容。一个状态的内容假如是衍生的，意味着它来自认知主体的其他表征状态，或者来自构成该认知主体语言环境的社会传统。非衍生的内容没有这样的来源。说一种形式的内容是非衍生的，不等于说它不可还原或“自成一体”（sui generis）。比如，我们可以将非衍生的内容视为“衍生自”或将其“解释为”相应状态的历史或信息承载概况。重要的是内容衍生自什么。非衍生的内容并非衍生自其他内容，但同时它们也并非不可还原或自成一体的内容。

非衍生的内容是否存在仍有争议，但至少有三点理由让我们将条件 3 中的“表征状态”理解为一种有非衍生内容的状态。

首先，关于非衍生内容的主张一直被用于质疑延展心智。亚当斯和埃扎瓦就曾指出，克拉克和查尔莫斯将 Otto 笔记本上的记录与他的信念画等号的做法是有问题的，正是因为这些记录只有衍生性的内容（Adams & Aizawa，2001）。福多也持这种观点（Fodor，2009）。我们稍后再来回应这种质疑——提前预告一下，我将指出它们都站不住脚。但当下，如果我声称条件 3 中的“表征状态”只需要拥有衍生性的内容就可以了，多少会有些为延展心智观拉偏架的嫌疑。还记得我们的策略吗？在制定认知的判断标准时，我将任融合心智观的理性反对者们予取予求——而且即便做出了这样的让步，具身心智和延展心智的主张依然成立。因此，我将如质疑者所愿，规定条件 3 中的“表征状态”只拥有非衍生的内容。

其次，既然我所提出的认知判断标准要经受认知科学实践的严格审查，它们就应该能以一种直截了当的方式从认知科学实践中提炼出来。我们将看到，认知科学研究对表征状态的设定一直以来就是非衍生的，也就是它们拥有非衍生性的内容。

再次，关于认知判断标准的作用，一个合理的预期是它们应该有助于理解认知。[3]我们希望以一种合理的（未必一定是无懈可击的）精确性区分认知性的和非认知性的过程。但衍生性的内容是源于认知过程的，因此如果我们主张条件 3 中的“表征状态”只需要拥有衍生性的内容，似乎就将动摇该判断标准合理性的根基。

117 最后，我们还要对“非衍生性”概念做一个重要的澄清。根据马尔的视觉模型，视知觉过程始于网膜视像，视觉加工操作将网膜视像转化为未经处理的初始简图、完全的初始简图，进而转化为“2. 5 维表征”。我们可以说完全的初始简图的内容衍生自未经处理的初始简图吗？在某种意义上显然可以。完全的初始简图所拥有的内容是由未经处理的初始简图所拥有的内容经一系列加工规则转化而来的，它只有这个来源。但是，这种转化和我们在条件 3 中强调的“衍生”并非完全一个意思。如果完全的初始简图所拥有的内容是衍生性的，那么整个认知加工过程中基本上就没有什么非衍生的内容了——除最开始的部分外，所有下游结构的内容只能是衍生性的。

再次回顾我们的逻辑：我接受表征内容的非衍生性，是应延展心智观反对者们的要求，如果无视他们，我就难免被指责为有失公允。但如果我们界定“衍生”的方式会使整个认知加工过程中只有最开始处的结构拥有非衍生性的内容，那留给非衍生性表征内容的空间就着实不多了。这样一来，我的反对者们该怎样用非衍生性内容来批判延展心智的主张呢？换句话说，那些用非衍生性内容批判延展心智观的学者们（像亚当斯、埃扎瓦和福多）也会忙不迭地否认完全的初始简图的内容**衍生自**未经处理的初始简图。既然我已一再声明愿意任理性的反对者们予取予求，就只能做以下规定：在同一认知加工过程中，两个因果接续的亚个体状态的内容间的关系不能界定为“衍生”。如果其中之一拥有衍生性的内容，它只能衍生自该认知加工过程外部的因素。[4]

（3）个体与亚个体水平

衍生与非衍生的表征间的区别，与个体与亚个体状态间的区别不同。原则上，个体与亚个体状态都可能拥有衍生与非衍生性的内容（虽然亚个体状态拥有衍生性的内容的情况非常罕见）。就本书的目的而言，更重要的是个体和亚个体状态都可能拥有非衍生性的内容——在这个意义上，它们都可以是表征性的。这一说法并非没有争议，但任何分歧都是围绕规定而非实质的。因此，我将预设亚个体 118
状态可以是表征，但与个体状态作为表征的**方式**并非必然一致；同样亚个体状态可以拥有内容，但与个体状态所拥有的内容的**类型**也并非必然相同。一直以来，关于亚个体状态是否表征、有无内容的争论几乎无一例外地围绕以下问题展开：亚个体状态与个体状态在表征特性及表征内容上是否相同。我们之所以否认这一点，是因为个体状态与亚个体状态其实不够相似。如果我们能为一些熟悉的表征状态制定一套自然主义判断标准，而亚个体状态恰好又满足这些判断标准，它们当然就可以是表征性的，当然这并不意味着我们对宽泛意义上的表征是否属于自然主义现象持有什么立场。但即便个体水平的表征被证明不是自然主义现象，亚个体水平的表征几乎也肯定是。否认个体水平的表征属于自然主义现象，主要是因为表征与意识的关系——有学者认为既然我们无法以一种自然主义的方式解释意识，就肯定无法以同样的方式解释表征（如 McGinn，1991）。但这不适用于亚个体状态，因为它们通常都是无意识的。

几乎可以肯定，适用于亚个体表征的自然主义判断标准看上去会是这个样子：①它们承载了关于世界的信息；②它们的功能是承载这些信息，或者通过承载这些信息让认知的有机体得以完成给定任务；③它们对世界的表征有可能出错；④它们与世界是可解耦的；⑤它们有特定的结构，能与其他状态相结合；⑥它们在引导有机体行为方面发挥了特定的作用。当然，我们无须接受所有这些条件——事实上，对其中的每一条都可以有多种解释。我将它们列在这里，只是为了让读者对表征的自然主义判断标准形成一个大体的
119 印象。这里无须考虑上述条件的具体细节，原因很简单：我们给出的认知判断标准要经受认知科学实践的严格审查，而认知科学研究一直以来都预设了亚个体的表征状态。

条件 4

说一个认知过程“属于”某个认知主体或有机体，到底是什么意思？这或许是融合心智主张带来的最大的难题。我将指出，认知过程与认知主体间的所属关系可以既是个体水平的，也可以是亚个体水平的，并以前者为主。亚个体水平的认知过程在何种程度上属于相应的认知主体，取决于其在何种程度上贡献于其个体水平的认知状态或过程。这里的逻辑一目了然，但要表述清楚则很困难。为此，我们需要用到“整合”的概念：亚个体水平的认知过程在何种程度上属于相应的认知主体，取决于该亚个体过程能在何种程度上被整合到该主体个体水平的认知状态或过程中去。因此，关键就是要为个体水平的认知过程何以属于特定表征主体提供一个解释。这就是本书剩余部分的任务。

我们会将条件 1 至条件 3 与条件 4 分开来讨论，因为条件 1 至条

件 3 可以从一系列标准认知科学模型中提炼出来，这些认知科学研究同样隐含了条件 4，但其合理性仍需加以泛化。对条件 4 的论证将在下一章展开。

4　捍卫标准：认知科学实践

通过检视现有的认知科学实践，我们将以一种相对直接的方式从中提炼出构成认知判断标准的前三个条件，从而有力地捍卫我们的标准。指导思想是：想要确定一个认知标志，最好的方法就是密切关注认知科学家们视为“认知性”的那些过程，再尝试将这类过程的一般特征抽象出来。同时为避免在确定标准时先入为主地受融合心智主张的影响，我们所检视的认知科学实践必须是内部主义的——越典型、越范式化的内部主义认知科学研究越好。在现有的认知科学实 120
践中很难找出比大卫 · 马尔的视觉理论（Marr，1982）更典型、更范式化的内部主义理论了。虽然这一理论的许多细节现在看来多少有些古怪，但正如我先前所说的那样，马尔所倡导的一般进路在认知科学实践中占据主导地位，并对内部主义认知理论产生了深远影响。

我们回顾一下。在马尔看来，知觉过程始于网膜视像的形成。鉴于网膜视像携带的信息非常有限，知觉加工（属于广义的，而非狭义的认知加工）的本征功能就是将网膜视像成功地转化为未经处理的初始简图、完全的初始简图，再到知觉加工的最后一步，也就是 2.5 维简图。这个操作过程的每一步都伴随信息承载结构的转化：光照刺激在网膜不同位置的强度分布构成了网膜视像，它携带的信息非常少，但也是有的，毕竟刺激强度的分布取决于光如何被有机体眼前的物理结构所反射，因此网膜视像多少携带了关于这些物理结构的信息。视知觉加工的第一步是将网膜视像转化为未经处理的初始简图，未经处理的初始简图在网膜视像的基础上增加了关于物体边缘和质地的信息。通过应用一系列分组原则（如接近性原则、相似性原则、共同命运原则、连续性原则、闭合原则等），大脑得以在未经处理的初始简图中识别出更大的结构、边界和区域，从而生成一种更精确的表征，也就是完全的初始简图。

我们能基于这些细节，将视知觉的下列事实抽象出来：首先，知觉涉及信息加工，也就是对信息承载结构的转化——这满足认知判断标准的条件 1。先是将网膜视像转化为未经处理的初始简图，再是将未经处理的初始简图转化为完全的初始简图，如此逐步进行。这些转化让那些原先不可用的信息变得对后续加工操作可用了——这满足认知判断标准的条件 2。具体而言，就是某些并未“存在”于网膜视像的信息，通过创建未经处理的初始简图变得对后续信息加工过程“可用”了，而通过创建完全的初始简图，又有更多的信息——尽管其对未经处理的初始简图不可用——变得对后续信息加工过程可用。知觉过程的终点是 2.5 维简图，它携带了可用
121 于进一步加工的信息，也就是可用于知觉后加工处理的信息，而知觉后加工处理的成果是 3 维表征的创建（3 维表征又将进一步对信念的形成发挥作用）。可见每一步信息加工操作都对应于一个新的结构，该结构携带了新的、对后续加工操作可用的信息。马尔的理论可视为条件 2 的一种具象化。

在加工操作的每一个步骤，我们都会发现一种新的表征结构。网膜视像携带了一些关于环境的信息，虽然其极为有限。视觉加工的目的是要将它转化为一种表征结构，能携带足够大量的信息内容，可用作视知觉和知觉后判断的基础。因此，知觉加工的每一步产生的表征结构都将携带较之先前步骤所对应的表征结构所携带的更加丰富的信息。对网膜视像之后的每一种表征结构，我们都可以说，既然它有诸如此类的特性，现实世界应该是如此这般的样子——至少在这个意义上，我们可以说这些表征结构都是规范性的。网膜视像本身是不会区分现实世界“是什么样”和“应该是什么样”的——它源于现实，但并不高于现实。相比之下，未经处理的初始简图携带了新的信息，这些信息来自知觉加工的第一步，说白了，它们是大脑的“猜测”——关于“什么样的外部现实才能产生当前的网膜视像”，也就是世界“应该是什么样的”。假如世界并非那个样子，就说明大脑猜错了。因此，知觉加工过程的每个步骤都对应一个信息承载结构，对应一个对现实世界的规范性主张。这些结构属于基本的表征状态，并且作为表征状态，它们的内容并非从当前信息加工过程以外的表征状态的内容衍生而来。也就是说，2. 5 维简图的内容衍生自完全的初始简图，后者的内容又衍生自未经处理的初始简图……这种衍生关系存在于表征状态的接续转化之中，但无论如何都不涉及当前信息加工过程以外的表征内容。需要注意的是，这种对衍生关系的界定不会与延展心智的反对者发生冲突——他们坚持认为表征的内容需得是非衍生性的。根据先前对衍生关系的界定，在单一的信息加工过程内部，表征结构的内容都是非衍生性的，这也满足了条件 3 的要求。

122 ## 5 延展的知觉

综上所述，构成我们的认知判断标准的前三个条件都能轻松通过经典内部主义认知科学实践的审查，因此反对者就没有理由质疑它们是专门为支持具身心智和延展心智的主张而制定的了。不过，条件 1 至条件 3 也同样能轻易且直接地从延展的认知模型中提炼出来。

我们就从我在《寓体于心》中支持的延展知觉观（Rowlands，1999）开始。延展知觉观是以一种创造性的方式重新阐释吉布森的理论。不论你认为经重新阐释后的吉布森理论还是否“足够吉布森”（我对此还是比较乐观的），于我们的论证都无影响。

再来回顾一下：在吉布森看来（Gibson，1966，1979），光弥散在环境之中，并在物体表面间来回反射。光会从各个方向汇聚至空间中的任意一点，因此对环境中的任意一点，都可以用汇聚于该点的不同强度和波长的光定义一系列立体视角。观察者就好比这样一个点，他周围是一个球面，由无数个立体视角构成。不同的立体视角对应不同的光强与混合波长。光的这种空间模式构成了“光学阵列”。光能够携带信息，因为光学阵列的结构是由光所反射的面的位置与性质决定的。

光学阵列是一个外部信息承载结构。说它是“外部”的，这很明显：光学阵列位于有机体的“皮肤边界”以外，不论该有机体是否存在。有机体通过行动对光学阵列产生作用，将后者携带的信息从行动前的（对有机体）“存在”转化为行动后的（对有机体）“可用”。比如，当观察者通过移动改变位置，围绕他的整个光学阵列都会发生变化，这种变化携带了关于环境中事物的布局、形状和方向的信息，而在观察者借助移动使光学阵列发生变化前，这些信息只以一种条件性的，或是倾向性的形式存在，无法为该观察者所用。

具体而言，借助光学阵列的转化，也就是将一个光学阵列转化为另一个与其系统相关的光学阵列，知觉的有机体可以识别和应用光学阵列携带的所谓“恒定信息”（invariant information）。恒定信息 123
不存在于任一静态的光学阵列之内，而是仅存在于一个光学阵列到另一个光学阵列的转化之中。没有光学阵列的转化，恒定信息的存在就只是条件性的：恒定信息以特定转化为条件，特定转化又与感知输入的特定变化系统相关。

归根结底，对光学阵列的操纵——将一个光学阵列转化为另一个——属于对信息承载结构的转化，因此满足认知判断标准的条件 1。转化的结果是使先前不可用的信息（恒定信息）对有机体或后续加工操作可用，这一点又满足条件 2。

接下来，就是《寓体于心》对吉布森理论创造性的再阐释，也就是延展的知觉模型了。这种再阐释需要我们将吉布森的见解（或通常认为是他自己的见解）与他的理论的“真谛”区别开来。吉布森对知觉的解释通常被认为是与一般意义上的表征概念不相容的，不管这种常见的理解是否准确（我认为它并不准确），延展的知觉模型都持以下主张：吉布森的理论其实不需要将“表征”一棒子打死（即便吉布森本人认为需要，当然关于这是否他的见解也有争议）。相反，吉布森理论的“真谛”可以用两种同源的方式来表述，分别是认识论的观点和形而上学的观点。

认识论的观点是：除非理解一个有机体能在何种程度上操纵、利用和转化环境中相关的信息承载结构，否则我们就没法理解其面对的内部信息加工任务。形而上学的观点是，视觉加工并非始于视网膜，而是在一定程度上由对环境中信息承载结构的转化操作构成的。我认为，正是这些主张（而非对表征的敌意）描绘了吉布森理论的内容并保证了其意义（Rowlands，1995，1999）。

因此，《寓体于心》发展的延展的知觉模型是对知觉的吉布森式的解释，只是不含有对表征的无端排斥。根据这个模型，对光学阵列的转化就是对信息承载结构的操纵，在必要时也可通过操纵颅内
124 的信息承载结构来加以补充。该过程的完成以某个表征状态在主体中的产生为标志，该表征状态就是对世界状态的视觉识别（条件 3），它是跨越机体内外部的一系列过程的产物，这些过程本质上都属于对信息承载结构的操纵与转化。

延展的知觉模型描述的上述过程满足认知判断标准的条件 1 至条件 3。换言之，《寓体于心》的论证是基于一个认知判断标准展开的，书中虽未言明，但已隐含地承诺了该标准（当然这也有争议）。正是因为操纵与转化外部结构的过程满足上述条件（先不说条件 4），这些过程才应被视为“认知性”的，而不仅仅是“真正的内部

认知过程”的外部因果伴随物。需要强调的是，外部过程之所以是认知性的，不是因为它们与内部认知过程存在紧密的因果耦合关系，也不是因为它们为内部认知过程提供了一个可嵌入的环境，而是因为它们满足认知的判断标准（依然先不说条件 4）。既然对延展认知理论的任何质疑最终都可还原为“认知标志说”，它们自然无法威胁到《寓体于心》中描绘的延展的知觉模型。

6　延展的认知

回顾《寓体于心》怎样以一种延展的方式解释记忆，该解释围绕四个原则展开，其中两条与我们当前的讨论有关，它们分别是：

1. 有机体能通过操纵其所在环境中的物理结构加工与记忆任务 T 有关的信息（Rowlands，1999，122）。

2. 在某些情况下，对外部结构的作用或操纵是信息加工的一种形式（ibid.，123）。

我相信，我们能通过适当地充实这些原则，揭示它们对上述认知判断标准的隐含的承诺。

鲁利亚和维果斯基曾点明我们对外部信息存储结构有多么依赖（Luria & Vygotsky，1930/1922），这些外部结构参与了记忆的构成。秘鲁的记事官用他那套绳结体系来存储信息，这样，他对生物记忆 125
的使用就和那位非洲信使（他的部落没有发明类似的外部信息存储方式）截然不同了（Rowlands，1999，134 – 136）。后者只能仰仗生物记忆，每每有需要记住的东西，他都要将自己的生物记忆“刷新”

一遍。但秘鲁的记事官只需要（生物性地）记住一套“编码”，就能将任何符合这套编码规则的绳结所含的信息提取出来。若能像这样操纵和利用外部结构，对他而言“可用”的信息几乎就是无限量的了。

绳结是一种信息承载结构，存在于认知主体的皮肤界限以外，可为认知主体所调用：在这个意义上，它们是主体外部的。对绳结的调用有不同的形式，包括捆扎、改动、读取，以及使用其所含信息制作其他绳结。这些都是对绳结的操纵与利用。捆扎一个绳结可能是为了记录相关信息，改动一个绳结可能是为了记录相关信息的变动，它们都属于对信息承载结构的操纵和转化。因此，秘鲁的记事官对绳结的调用满足认知判断标准的条件 1。

对绳结的操纵与转化能使先前不可用的信息对认知主体可用。事实上，这不仅是绳结体系的功能，还是其本征功能。我们可以先不考虑对绳结的改动，单说用绳结来记忆。出于各种各样的原因（比如，有别的什么事需要他投入生物记忆资源），捆扎绳结的人可能会忘记绳结所含的信息。但他只消拿起绳结（比如，在次日），其中的信息就再度变得可用了。在这种情况下，绳结的本征功能是让信息对主体可用——如果没有绳结，这些信息可能就会从此被遗忘（因此对主体不可用）了。因此，我们又满足了认知判断标准的条件 2。

对绳结的操纵与利用之所以能产生“可用”的信息，是因为这些行动在主体内部产生了一种表征状态，包括对绳结的知觉，以及对其中所含信息的信念上的表征。融合心智从未主张那些完全外在于认知主体的过程（也就是那些完全位于认知主体皮肤界限以外的过程）也可视为认知过程，而是说认知过程要么完全是内部（认知主体皮肤界限以内）的，要么是内外部操作的耦合。也就是说，融合心智的大多数支持者主张认知过程永远包含不可消除的内部成分，而拥有非衍生性内容的表征状态正属于且仅属于这些内部成分（另一种观点见 Rowlands，2006）。对绳结这类外部信息承载结构的操纵之所以能让信息对主体可用，是因为其能在主体内部产生一种表征状态，该表征状态拥有非衍生性的内容。因此，对外部信息承载结构的操纵满足认知判断标准的条件 3。请注意（这一点很重要），融合心智的主张并不要求我们承认绳结或别的什么外部信息承载结构拥有非衍生性内容。非衍生性内容只需要属于主体的内部状态，而这些内部状态是可以通过调用各类外部信息承载结构产生的。[5]

因此，正如马尔所描绘的知觉过程对内部信息承载结构的操纵一样，我们所描绘的记忆过程对外部信息承载结构的操纵、利用和转化同样满足认知判断标准的条件 1 至条件 3。因此，如果条件 1 至条件 3 确实可视为认知过程的一些判断标准，则至少就这些条件而言，延展心智所提及的外部操作是满足认知判断标准的，正如经典的内部操作同样满足这套标准一样。

7 再观反对意见

以上就是捍卫融合心智主张（延展心智 + 具身心智）所应该采用的策略，也可以说是该主张的大多数支持者已然在采用的策略。

认知过程是神经过程、身体过程和环境过程的混合过程，这种混合式过程满足前述认知判断标准，故应被视为认知过程（且不谈条件 4）。之所以说这种过程是认知性的，是因为它们涉及对信息承载结构的操纵与利用，这种操纵或利用的功能是让信息对主体或后续加工操作可用，具体途径是在主体内部产生某种表征状态。鉴于对外部结
127 构的操纵与利用同样满足上述条件（且不谈条件 4），它们与相应的内部过程均可视为认知过程。

上述认知判断标准也清楚地表明："纯粹的外部认知过程"是不存在的。我们可以区分融合心智的两大基本主张。其一，一个操纵、转化或利用外部结构的过程未必可视为认知过程，除非与恰当的内部（比如神经）过程结合起来。其二，一旦内外部实现了上述结合，它们就可以在同样的意义和同样的程度上被视为认知过程了。对这两点主张，认知判断标准都能予以解释：首先，仅凭外部过程本身不可能成其为认知过程，因为认知永远涉及表征状态，并且表征状态需携带非衍生性的内容（我们在论证之初就做了这些预设），而人们通常相信这种类型的表征状态只存在于内部。[6]认知过程永远涉及在主体内部产生表征状态——这正是条件 3 的要求。因此，认知判断标准的条件 1 至条件 3 共同蕴含了以下主张：认知过程要么是纯粹的颅内过程，要么是内外部过程的组合，没有例外。因此，不存在纯粹的外部认知过程。其次，之所以说一旦内部过程与外部过程以恰当的方式结合起来，外部过程也可视为认知过程，是因为在这种情况下，外部过程也满足了认知的判断标准（且不谈条件 4）：①它是对信息承载结构的操纵和转化；②这种操纵和转化的本征功

能是让原先仅处于“存在”状态的信息对主体或后续加工操作“可用”；③实现这一切的途径则是在主体内部产生某种表征状态。

如果我们先前的论证都是正确的，根据融合心智的主张，内外部过程的结合就至少满足认知判断标准的前三个条件，因此在这个意义上可视为认知过程（且不谈条件 4）。既然我曾指出针对融合心智观的所有反对意见都可还原为“认知标志说”，我们就没有理由认为宽泛意义上的身体和环境过程只是“真正意义上的”内部认知过程的（外部的）“因果脚手架”或“工作环境”。如果内外部过程的某种结合满足认知判断标准的条件 1 至条件 3，那么，该结合本身就 128
可以视为认知过程（且不谈条件 4）。

对延展心智观的进一步质疑或将围绕表征的作用展开。根据条件 3，使信息可用的途径是在主体内部产生一个表征状态。我已指出这种表征状态必须携带未衍生性内容。基于这种预设的认知判断标准和相应的融合心智观将有能力应对相关质疑（Adams & Aizawa, 2001; Fodor, 2009）。

福多之所以反对克拉克和查尔莫斯的延展心智观，其中的一个原因是他认为该理论依赖衍生性的表征：

> 如果某事物确实（非隐喻性地）拥有内容，则要么其属于心理项（心智的一部分），要么其内容“衍生”自其他心理项。“非衍生”的内容——借用约翰·塞尔（John Searle）的术语——是心理项的标志；心智拥有非衍生性内容，也只有心智拥有非衍生性内容。

福多似乎认为，大脑外部的事物不可能拥有非衍生性的内容——它们的内容是由传统（convention）而非性质（nature）决定的，因此 Otto 笔记本上的记录不属于心理项：虽然它们的确是“关于”世界的（记录了现代艺术馆的位置），但这种“关乎性”（aboutness）或意向性只是从 Otto 本人或其他笔记本使用者的内部心理状态衍生而来的。

福多其实是在重申亚当斯和埃扎瓦的观点：“设想一个过程不含有内部内容，则‘非衍生性内容’条件就决定了该过程的非认知性。”（Adams & Aizawa，2010，70）他们对延展心智的质疑属于“认知标志说”。我们已经看到，许多人都认为克拉克和查尔莫斯相信 Otto 笔记本上的记录是他的信念的一部分，而这些记录显然属于外部视图结构，并且其（如前所述）只拥有衍生性的内容。基于前面的讨论，我认为克拉克和查尔莫斯的主张并不是 Otto 笔记本上的记录可被视为他的信念（如果这真是他们的想法，我也会提出反对的）。但是，我个人的延展记忆观同样重视承载信息的外部视图结构（其中以语言最为典型，也最为重要），认为它们参与了记忆的构成，因此可能有人会觉得我的观点同样容易遭受亚当斯和埃扎瓦的反对。可事实上，如果以恰当的方式理解延展心智的主张，则我的观点，
129 以及克拉克和查尔莫斯的观点就都能应对这些质疑了。因此，接下来我将假设克拉克和查尔莫斯的想法就是“Otto 笔记本上的记录可被视为他的信念”，而且我将假设这种想法是正确的——注意只是假设，因为亚当斯和埃扎瓦（以及福多）批评的都是对克拉克和查尔莫斯的这种理解。该假设将有利于后面的论证，而且将有助于揭示为什么他们的批评都不合理。

在亚当斯和埃扎瓦看来，一个认知过程必然携带非衍生性内容（2001，2010）。我同意，事实上我在提出认知的判断标准前就将这一点作为假设予以接受了。但他们认为这一点足以否认延展心智（同样也是融合心智）的主张就令人费解了。我已一再强调，延展心智的主张不是说纯粹的颅外过程——如对环境因素的操纵、利用和转化——本身就是认知过程。一个认知过程不可能完全地存在于认知的有机体皮肤界限以外，甚至是颅骨界限以外。相反，延展心智的主张是：认知过程要么是纯粹的内部过程，要么是内部过程与外部过程的结合——总之它不可能是纯粹的外部过程。延展心智提出了关于外部/延展过程的主张，但前提是这些外部/延展过程与相应的内部过程以恰当的方式组合在一起。一言以蔽之，延展心智的主张是：认知过程是一个同时包含内外部因素的整体，某些外部/延展过程是这个整体的真正意义上的认知性的成分，而并非只是辅助颅内“真正意义上”的认知过程，或内部认知过程因果性地嵌入其中的非认知伴随物。

因此，外部过程是否是“认知性”的取决于内部过程：脱离了内部过程，外部过程就不属于认知过程的范畴。延展心智观认同且坚持这一点。但是，只要外部过程与合乎要求的内部过程以恰当的方式结合起来了，我们就能给整个过程（内外部过程构成的整体）贴上“认知过程”的标签，就像我们能给纯粹的内部过程贴上这个标签一样。本书所持的立场是：完整的过程及其外部成分都满足认知的判断标准。

亚当斯和埃扎瓦相信 Otto 笔记本上的记录只含衍生性内容，据 130

此反对延展心智观。但若以恰当的方式理解延展心智的主张，则记录是否含有非衍生性内容就不重要了：既然构成整体认知过程的外部成分本身不能视为认知过程，而整体认知过程又肯定包括含有非衍生性内容的成分，则虽然 Otto 笔记本上的记录本身不含有非衍生性内容（我们且接受这一点），但 Otto 对这些记录的知觉（Menary，2006，2007），以及他的信念（记录 s 的内容是 c）却肯定含有。也就是说，Otto 笔记本上的记录或许没有，但他对这些记录的知觉和信念必然是有非衍生性内容的。我们可以用认知的判断标准来解释这一点：根据判断标准的条件 3，认知过程需要在认知的有机体内部产生表征状态，使信息对该有机体或后续加工操作可用。只要查阅笔记本能让 Otto 产生关于特定记录的表征（具体表现为知觉或信念），条件 3 就得到了满足，这与条目本身是否含有非衍生性的内容无关——即便条目只含衍生性的内容，对延展心智的主张也不构成威胁。

Otto 的知觉表征作为一种内部的非衍生性状态，是（混合式的）认知过程的一部分：只有（注意是**只有**）以完整的认知过程为背景，Otto 笔记本上的条目才能算是他的信念（如果我们要接受对克拉克与查尔莫斯延展心智观的“多数派”解读，就只能采纳这个观点）。鉴于混合式的认知过程必然包括含有非衍生性内容的状态，亚当斯和埃扎瓦的要求（认知过程必然携带非衍生性内容）是可以得到满足的。因此，他们相信自己有理由反对延展心智的主张就着实令人费解了。

为防你觉得上面的表述还不够清楚，我有必要再度强调一下：我的延展心智观是一种过程导向的心智理论，它从来就不要求我们将笔记本上的记录等同于认知状态。对外部信息承载结构的操纵过程本身只有在与相应的内部（如神经）过程以恰当的方式结合起来之后才能视为认知过程。一旦二者以符合要求的方式结合起来，外部过程就将满足认知的判断标准，因此可视为完整的（融合性的）认知过程的真正意义上的认知性的成分。正因认知过程永远包含不可 131
消除的内部成分，它也必然包括含有非衍生性内容的状态。以此观之，延展心智观其实无须回应亚当斯和埃扎瓦的质疑。

当然，假如我们要求认知过程的**每个**部分都必须包括含有非衍生性内容的状态——或反过来说，假如我们规定一个状态只要含有衍生性的内容，就不能是认知性的，情况就不同了。但这是一个非常不切实际的要求，就连亚当斯和埃扎瓦也对此表示明确反对（我相信这种反对是有道理的）：

> 虽说我们完全有理由相信内部内容的存在，但我们没有足够的理由相信认知状态必须完全由内部表征构成，或所有的认知状态都必须承载内容。因此，我们说“仍不清楚认知过程的各个认知状态需在何种程度上含有非衍生性的内容”。（Adams & Aizawa，2010，69）

他们否认这一点自然是没有问题的。认知加工大都不涉及那些含非衍生性内容的状态，原因很简单：大多数认知加工过程压根儿就不涉及表征状态！相反，我们完全可以将主体的认知加工描绘成一片汪洋：在非表征性加工的无边洋面上，表征状态只是些小岛——不论你属于外部主义还是内部主义阵营，这都是确凿无疑的。

回顾典型的内部主义视知觉模型，在马尔的视觉理论中，转化过程并没有表征什么。这些操作的产物（即“中间状态”）也许可被视为表征性的，但这些操作过程不是。举个例子，对未经处理的初始简图应用诸如“共同命运”或“相似性”等原则，可创建完全的初始简图。但这些原则的应用表征了什么？有什么内容？答案分别是：什么也没表征，什么内容也没有。未经处理的初始简图携带了（某种）内容，当我们对它应用某些操作原则，完全的初始简图也能携带（某种）内容。但转化这些中间状态的操作则并未表征任何事物（这一点经常被忽视，因为很多人都混淆了转化操作与推理规则——转化操作可以**用推理规则来描述**，但它们终归**不是**推理）。认知状态是表征性的，推动认知状态转化的过程则不是。但我们不
132 能否认这些转化操作属于认知活动的范畴：如果马尔的转化操作不算是认知活动，还有什么算？当然，它们也确实符合本书总结的认知判断标准：当它们实现了自己的本征功能，与其他过程以符合要求的方式结合在一起，它们就能产生表征状态，让原先不可用的信息对主体或后续加工操作可用。因此，它们当然是认知过程。如果我们的认知判断标准没错，一个认知过程就应该是这样的：在正常情况下，凭借自身或与其他过程相结合，它能产生一个含非衍生性内容的状态。但要说任何事物必须得携带非衍生性内容才属于认知范畴，则显然是不对的。

亚当斯和埃扎瓦对这一点显然是接受的，令人疑惑的是，他们依然觉得自己有理由质疑延展心智的主张。在延展心智预设的混合

式认知过程中，必然存在某些状态含非衍生性的内容，我们的认知判断标准也确定了这一必然性：认知加工的终点是通过在认知主体内部产生某种表征状态，使信息对有机体或后续加工操作可用。比如，Otto 就需要对笔记本中的内容形成这种表征（表现为知觉或信念）。延展心智的主张是认知过程可能是混合式或融合式的，但不会是纯粹的外部过程。假如我们正确地理解了这一点，就会明白它必然满足非衍生性内容条件。因此，亚当斯和埃扎瓦的质疑是站不住脚的。

或许亚当斯和埃扎瓦还有另一条路可走。延展心智观预设了混合式的认知过程（其同时包括内部和外部成分），他们可以说：内外部成分的主要区别在于内部成分携带了非衍生性内容，而外部成分没有。混合式认知过程固然含非衍生性内容，但这些内容只能属于内部操作，而不可能属于任何外部操作，因此外部过程最多只能被视为认知的因果伴随物。

对此我们可以做两种回应：一是质疑亚当斯和埃扎瓦的预设；
二是承认他们的预设并论证其结论依然无法成立。我已于其他作品 133
中质疑过该预设（见 Rowlands，2006），在此我将采用第二套方案：权且承认这个预设，并证明他们所期望的结论依然无法成立。

关于认知系统如何实现其功能，我设想这样一种内部主义观点（它也许不那么可信，但你完全能想象出来）：认知系统的功能由一套混合机制实现，与延展心智对（某些）认知过程的描述有点类似。具体来说，这套机制涉及的神经过程位于大脑的两个区域，分别是

R 脑区（负责表征）和 P 脑区（负责加工）。它们间存在因果耦合关系，但在功能与结构上区隔开来。R 脑区负责产生神经表征状态，P 脑区则对这些状态实施转化操作。二者间的因果耦合关系确保它们能实现密切协同。R 脑区存储了含有非衍生性内容的状态，P 脑区则没有，因为它根据定义就不可能存储什么状态，也不可能携带什么表征内容。[7]

在这种情况下，如果只是因为 P 脑区未存储含非衍生性表征内容的状态，就声称其转化操作不属于认知活动，无疑是不合适的。我们能说这些转化过程只是 R 脑区中“真正意义上的”认知过程的外部因果伴随物吗？怕是没多少人会赞同这种奇特的界定。这与我们的认知判断标准也不相符：一个过程之所以是认知性的，是因为它在与其他过程以符合要求的方式结合起来后，能产生表征状态，以此实现其本征功能——（为主体或后续加工操作）将信息从“不可用”转化为“可用”。一个认知过程必须能（仅凭自身或通过与其他过程结合）产生某种含非衍生性内容的状态。但说任何事物要成其为“认知性”的就必须携带非衍生性内容就大错特错了。有些过程显然是认知过程，但却并未携带非衍生性内容，原因很简单：它们压根儿就没有内容可言！对（含非衍生性内容的）状态的产生发挥作用是一个过程能否被视为认知过程的关键，至于它本身是不是一个带有这些内容的状态则并不重要。

8　总结 134

本章给出了认知的标志或曰判断标准，也就是一个过程可视为认知过程的充分条件。我们的判断标准植根于典型的内部主义认知模型，而根据该判断标准，一些混合式的信息加工过程也可视为认知过程，这一点又与延展心智和具身心智的理念相符。但是，截至当前的论证尚不完整，只证明了我们所关注的混合式过程满足认知判断标准的前三个条件，接下来需要向读者证明它们同样满足条件 4。

根据条件 4，任何可视为认知过程的事物都必然属于一个主体，该主体携带了条件 3 所提及的表征状态。也就是说，该过程必然与一个认知主体构成所属关系。因此，条件 4 也称为“所属条件”。我将指出，与相对简单直接的条件 1 至条件 3 相比，论证条件 4 的困难其实相当大。当然即便如此，也不意味着质疑我们的“新科学”就有道理。事实上，条件 4 对我们和内部主义者造成的困难在程度上相当。围绕条件 4 的讨论将推动我们深入探索“意识”这个概念，以及其何以既能是具身的，又能是延展的。这正是本书剩余部分的主题。但下一章我们先要全面了解所属条件，解释它何以成为我们最大的难题。

新认知科学

The New Science of the Mind

从延展心智到具身现象学

第6章

所属关系问题

135

1　所属关系与认知膨胀说

上一章我们罗列了认知的判断标准，并做了初步的论证工作。认知的判断标准是对过程而言的，提供了将一个过程视为认知过程的充分条件。状态也可以是认知性的，但认知状态必然要对有机体认知过程的实现发挥相应的作用，而它们主要的作用就是扮演表征的角色。表征是由认知过程产生的，其作用是为有机体或后续加工操作提供可用的信息。

根据认知判断标准的条件 4，一个认知过程必然属于一个主体（为该主体所拥有）。不存在没有主体的认知过程。就我们的目的而言，我认为“主体”是一个非常宽泛的概念。比如，我不想排除在某些情况下，主体可以是一个群体而非个体![1]不过，即便以最宽泛的方式界定主体，条件 4 也会造成一些问题。特别是，有人可能会觉得条件 4 让我们的认知判断标准有循环论证之嫌。毕竟不是什么主体都能拥有认知过程，它得是一个认知主体才行。但所谓“认知主体”的意思不就是“认知过程的主体”吗？认知的判断标准似乎预设了认知过程，而非解释了一个过程何以具有认知性。[2]不过，这种循环论证只是一个表象，事实上，认知的判断标准是递归的而非循环的。我所说的“认知主体”，指的是任何满足条件 1 至条件 3 的有机体。更准确地说，如果 S 拥有（即致力于）信息加工操作（即操纵和/或利用信息承载结构），并且这些操作的本征功能是通过在
主体内部产生含非衍生性内容的表征状态，让原本不可用的信息对 136
主体或由该主体实施的后续加工操作可用，则 S 就是一个认知主体。也就是说，一个满足条件 4 要求的“主体”需得是一个个体，它**拥有**那些满足条件 1 至条件 3 的过程。我所说的“主体”指的就是这个意思。

所以，我相信真正的问题不是解释认知主体是什么，而是解释一个主体何以**拥有**认知过程或将认知过程“实例化”，也就是：我们能在何种意义上合理地主张某认知过程**属于**某个主体。[3]本章的绝大部分篇幅都将用来证明这其实是一个非常深刻、非常困难的问题。不仅如此，我还将尝试指出，对认知过程的任何一种解释——不论是经典的内部主义解释，还是某种融合心智的主张——都要面对这个问题。该“所属”问题对笛卡尔主义与非笛卡尔主义一碗水端平，本书剩余部分就将致力于回答这个问题，而“认知膨胀说”就是一个理想的切入点：前两章在很大程度上都回避了这个质疑，我们终于要将它摆到台面上来了。

认知膨胀说通常被认为是与认知状态，而非认知过程相关的。它质疑的是克拉克与查尔莫斯的主张，即 Otto 笔记本上的记录若以

恰当的方式与 Otto 的神经过程组合在一起，就可视为他信念的一个子集。但如果我们相信这些记录是 Otto 的信念，又何必止步于此？如果 Otto 会使用通讯录，也经常查询通讯录，通讯录上的电话号码怎么就不能是他的信念？又如果 Otto 会上网，也经常上网浏览，网页上的内容怎么就不能是他的信念？

既然本书中致力于维护的延展心智观是过程导向的，而认知膨胀说关注的又是认知状态而非过程，你也许会以为我所持的延展心智观可免受认知膨胀说的质疑。毕竟，我也不认为 Otto 笔记本上的条目可被视为他的信念。但事情可没那么简单。认知膨胀说是可以针对认知过程的，接下来就展示它的这一面。

137 回顾之前的一个例子：假设我在用一台望远镜[4]，而且这台望远镜是反射式的，因此能在内部实现镜像间的转化。这些镜像都可视为信息承载结构——映射函数系统性地决定了它们的特性，而映射函数本身又由镜片和观察对象的特性决定。因此，望远镜的工作本质是对信息承载结构的转化，满足条件 1。望远镜内部的这些过程在与其他过程结合起来之后，通常就能产生一个表征状态，该表征状态的内容是非衍生性的。换言之，在与其他过程（某些发生在我内部的过程）结合起来之后，望远镜内部的过程将产生一个表征状态——如我对土星星环的视知觉，这个表征状态含有非衍生性的信息。因此，望远镜内部的过程满足条件 3。既然这些过程的本征功能是为我和发生在我内部的后续加工过程（如推理）提供可用的信息，而这些信息先前是不可用的（比如，当前土星星环相对于地球的角度），它们显然也满足条件 2。总而言之，望远镜内部的过程满足认知判断标准的条件 1 至条件 3，如果这些条件足以界定认知，上述过程就应该被归类为认知过程。

我很容易就能举出与此相似的例子。比如，我们怎么就能说发生在我的计算器或计算机内部的过程就不算认知过程呢？毕竟它们①同样涉及对信息承载结构的转化；②与其他过程结合起来后也能产生表征状态，如在与发生在我大脑中的某些过程结合起来后，计算器中的过程能在我内部产生一个表征状态——当我从显示屏上读出算式的答案；③它们的本征功能是为我提供可用于后续加工的信息——这些信息在我使用计算器或计算机以前是不可用的。因此，发生在计算器或计算机中的过程似乎也满足条件 1 至条件 3，若无其他限制条件，它们也应被视为认知过程。

显然，“认知膨胀说”不仅适用于状态，也适用于过程。究其根本，这是因为对认知的界定需解决三个方面的问题：为什么（why）、 138
如何（how）和（最关键的）who（谁）。why 与 how 涉及认知过程如何运作，以及为何照此运作。大体而言，why 与认知的功能有关，也就是让原本不可用的信息对有机体本身或后续加工操作可用；how 则涉及认知功能的实现机制，也就是产生表征状态，这也许需要当前认知过程与其他同类型过程相结合。表征状态是信息加工操作的产物，所谓信息加工，就是对信息承载结构的操纵与转化。可见认知判断标准的前三个条件都蕴含在认知的 why 与 how 问题之中了。但是，我们还需要考虑 who 的问题。不管认知过程在形式与功能上的具体情况如何，它们都必然**属于**某人或某物。不存在无主体的认知过程：认知过程必有其**所有者**——该所有者**拥有**满足条件 1 至条件 3 的过程与状态。这就是条件 4——所属条件——的含义。不理解这一点，我们就将受困于针对过程的“认知膨胀说”——被迫承认望远镜或计算器中的过程也可被视为认知过程。

延展心智观似乎有两种办法来解决这个问题。其一，它可以接受上述结论：不论其是否有违直觉，望远镜或计算器中的过程都属于认知过程。其二，它可以说上述结论是可以避免的：延展心智观不认为望远镜或计算器中的过程属于认知过程。但它还有一个更巧妙的选择。我们上面提到的两种解决方案其实并非互不兼容，因为认知过程有两种非常不同的类型：个体水平的认知过程和亚个体水平的认知过程。认知判断标准的条件 2 其实就暗含了这种区分：认知过程的功能是让先前不可用的信息对主体或后续加工操作可用。为主体提供可用信息的认知过程属于个体水平的认知过程，不论它们是否也同样为后续加工操作提供可用信息；只为后续加工操作提
139 供可用信息的认知过程则属于亚个体水平的认知过程。因此，延展心智观可以仅针对亚个体水平（而非个体水平）的认知过程接受“认知膨胀说”的结论，毕竟个体水平的认知膨胀说确实要比亚个体水平的更违背直觉，而且接受（无伤大雅的）亚个体水平的认知膨胀说对我们拒绝个体水平的认知膨胀说其实是有所助益的。这就是本章的论证将要采用的策略。

具体来说，我将提出以下四个主张：其一，所属关系对延展心智观和笛卡尔内部主义心智观来说是个问题，而对“认知膨胀说”的过分关注可能掩盖这一点。有观点认为笛卡尔内部主义心智观可以解释认知过程在哪些条件下属于一个主体，延展/融合心智观则不

能，我将证明这种观点是站不住脚的。

其二，我相信若满足适当的条件，发生在望远镜、计算器和计算机中的过程都可视为亚个体认知过程。“适当”的条件其实就是认知判断标准确定的那些条件。但发生在望远镜、计算器和计算机中的过程并非个体水平的认知过程。换言之，我接受亚个体水平的认知膨胀说，但不接受个体水平的。这并不意味着发生在望远镜、计算器和计算机中的过程不可能是个体水平的认知过程，只不过这种情况罕见。望远镜内部的过程（及诸如此类的过程）通常都不是个体水平的认知过程。

其三，既然我们区分了个体水平和亚个体水平的认知过程，接下来就得明确界定相应的所属关系了。不同类型的认知过程以不同的方式从属于相应的认知主体，分别表现为个体水平的所属关系与亚个体水平的所属关系。也就是说，认知主体拥有个体水平的认知过程需要满足的条件与其拥有亚个体水平的认知过程需要满足的条件非常不同。通常，亚个体水平的所属关系可以理解为特定类型的因果整合。一个亚个体水平的认知过程属于特定个体，意味着它以适当的方式被整合到个体的认知生活中，而这种整合意味着它为该认知主体的个体水平的认知过程做出了适当的贡献。一个亚个体过 140
程能对个体水平的认知过程做出“适当”的贡献意味着它需要被整合到个体的认知生活中去。要将这种整合的确切性质清晰地阐释出来，则是一个极其困难的技术问题。我将呈现一些一般性的主张，支持从因果整合的角度理解亚个体水平的所属关系，但不会就何种形式的整合可视为所属关系的充分条件给出一个判断标准。较之技术细节，我关注的是更基本的问题，这将引出我的第四个主张，也是本章最重要的任务。

其四，本书剩余部分将就“一个主体如何拥有个体水平的认知过程”给出解释。我将在本章考察一种解释——它看似合理，但其实只是衍生性的。然而，这种衍生特性非常重要：我们将在它的引导下深究个体水平的所属关系的基本原理。

虽说关于如何解释个体水平的所属关系，本章的论证只是一个开始，但我对本书最终要给出的解释寄予厚望：基于这种解释，我们将顺利而优雅地（其实是自然而然地）推得显而易见的结论，也就是具身心智和延展心智（合并为融合心智）的主张。

2　所属关系：整合与包含

如前所述，对认知的界定不仅要解决 why 与 how，还要解决 who 的问题。没有主体的认知过程是不存在的，因此颅内的，以及延展的认知过程都必须满足认知的所属条件。乍看上去这对颅内过程似乎不成其为问题，但这种印象并不可靠，因为它建立在一个预设的基础上：特定认知过程属于某主体，可解释为其在空间上为主体所包含——粗略地说，就是认知过程 P 发生在主体 S 内部。我将指出
141 所属关系的上述判断标准是站不住脚的。事实上，我对空间包含关系能否作为任意主要身体过程之所属关系的判断标准都持怀疑态度，更不用说是认知过程的了。

以一种显然是非认知性的生物过程——消化过程为例[5]，我的消化过程是“我的”，而不是其他任何人的，不正是因为它是在我的内部，而不是其他任何人的内部进行的吗？不一定。用空间上的包含关系来判断消化过程的所属关系是很容易出错的。我们既不能断定“我的”消化过程就一定在我的内部进行，也不能因为一个消化过程发生在我的内部就断定它是“我的”消化过程——空间上的包含关系既非所属关系的必要条件，亦非其充分条件。先说必要条件。想象这样一种情况：我因身体无法分泌足够量的消化酶而长期受消化不良之苦。为一劳永逸地解决这个问题，医生给我做了手术：他们将我的一段消化道连入外部设备，这样，我就可以往外部设备中加入需要的消化酶，再将与消化酶混合均匀的食物重新引回体内，让消化道完成剩余的代谢工作。这手术听上去有点吓人，但它终归是一种解决问题的方法。对这整个过程的一种最为自然的理解是：我的消化过程得到了外部辅助，有一部分在体外完成。仅仅因为这部分过程在体外完成的，就拒绝承认它们也是我的消化过程显然是不对的。我们很快就将深入探讨这种观点背后的直觉。

如果真是这样，外部设备的具体特点就完全不重要了——只要它能实现本征功能就行。比如，我们可以假设外部设备是另一具身体，也就是将我的消化道接入某人的体内，混合他的消化酶，再将处理过的食物导流回来——当然还要保证我摄入的食物进入他体内后不会与他吃下的东西搅和在一起（不论以何种手段）——这样，他的消化酶就能为我的消化过程服务了，毕竟食物最后回到了我的体内，其中的养分也能被我吸收。这看上去就像是我的消化过程有一部分在空间上位于他人的体内，使用了他人的资源（消化酶）。如果将双方的角色掉转过来，我们就能驳斥空间包含关系是所属关系的充分条件了：假设某人的消化道被导入了我的体内，这样他的消化过程就会有一部分在我的体内进行，而这并不意味着这部分消化过程就属于我。

上述见解背后有两点直觉，共同决定了空间包含关系既非所属关系的必要条件，亦非其充分条件。这两点直觉是相互关联的。其一，某过程若具有消化过程的本征功能，就可以被视为消化过程：消化过程的本征功能包括分解摄入的食物，以及为后续代谢供能。其二，某消化过程若是**为我**实现其本征功能的，它就属于我：它分
142 解我摄入的食物，为我的后续代谢过程供能。再说一遍：一个过程的本征功能决定了它**是不是**消化过程，它是否为我实现这些本征功能则决定了它**是不是我的**消化过程。果真如此，则消化过程的所属关系和空间位置的对应就只是一个或有事实了。决定消化过程所属关系的不是空间上的包含，而是功能上的整合。确定一个消化过程**确属于我**的充分与必要条件，是它能以适当的方式被整合到我的其他生理过程中去：它分解的是我摄入的食物，因此与我的摄取过程整合；它能为我的其他代谢过程供能，因此能与其他代谢过程整合。适当的整合以本征功能为判断标准——消化过程能以适当的方式被整合到我的其他生理过程中去，是因为只有与我的摄取过程和其他代谢过程结合起来，消化过程的本征功能才得以实现。

我相信以上论证将有助于我们更好地理解亚个体认知过程的所属关系。空间包含关系并不是亚个体认知过程所属关系的判断标准，

这是由功能主义立场决定的，也就是一个过程“做什么”决定了它属于哪个范畴。[6]正如物理细节无法决定一个过程属于哪个心理“类”，空间位置也无法决定该过程（作为心理“类”的实例）属于谁。一旦接受了功能主义立场，我们就不能再用空间包含关系来定义认知的所属关系了。一个过程“在哪儿”是无关紧要的，除非影响了它“做什么”（以及更重要的，影响了“为谁做”）。

相比空间包含关系，用一种本质上是功能主义的整合关系理解亚个体认知过程的所属关系要更为可行，也就是既要考虑到亚个体水平的认知过程有什么功能，又（更重要的是）要考虑到该功能“为谁”实现。消化过程就是一种功能过程，对某消化过程的所属关系而言，最重要的决定因素就是它的功能是为哪个个体实现的。同样，理解亚个体认知过程所属关系最为可行的方法，就是考虑功能整合的概念。关键是给定的亚个体认知过程的（本征）功能是为哪个个体实现的，而不是该亚个体认知过程在空间上包含在哪个个体之中。

这个观点其实并不算新鲜，它在几十年来不少著名的思维实验中都有体现。就必要性（属于我的认知过程是否必须发生在我的身 143
体内部）而言，许多思维实验都设想了这样一种情况：我的心理生活以某种方式（如大脑移植、记忆上传等）被带到了我的身体以外；就充分性（发生在我内部的认知过程是否就一定是属于我的）而言，对著名的“外星人移植假说”略作修改就很能说明问题：假设我被外星人绑架了，它们改造了我大脑中部分区域的组织形式，以便操纵我的部分思维——它们并没有往我的脑袋里灌输什么念头，而是让我的一部分大脑与我自己（剩余部分）的心理生活完全脱钩，这样当它们在母舰上按下开关时，我大脑中的那部分区域就会被激活。这部分区域的神经活动在空间上包含在我的大脑之中，在这个意义上，它们显然是“我的大脑的运行过程”——更准确地说，它们是大脑的运行过程且发生在我的脑壳之中。但在另一个意义上，它们产生的（被操纵的）思维又显然不属于我，因为它们无法被适当地整合到我（剩余）的心理生活中去。要说清楚“适当地整合”是什么意思当然不太容易——但我强烈怀疑这种困难只存在于技术层面，而非原则上不可行。如果我们考虑的认知过程是亚个体水平的，就有理由认为“整合”将体现为某种因果关系。但对个体水平的认知过程而言，“整合”就可能涉及理性的一致性与连贯性等概念了。但不管怎样，我们都在谈论认知过程与当事人心理生活的某种整合，所属关系的基础就是这种整合，不论给定认知过程空间上是否包含于认知的有机体内部。而整合的概念是功能意义上的，即认知过程的所属关系取决于该过程在相关认知过程构成的因果及规范网络中所处的位置。

这些理念也蕴含在认知判断标准的条件 2 之中。根据条件 2，认知过程的本征功能是为某个个体或后续加工操作提供“可用”的信息，而这些信息在实施该认知过程以前是“存在”但“不可用”的。个体水平和亚个体水平的认知过程的区别就在于它是为个体，
144 还是只为后续加工操作提供可用的信息。如果是后一种情况，我们谈论的就是亚个体水平的认知过程。当然，这并没有解决所属关系问题，只是后退了一步。现在我们需要回答所谓的后续加工操作在

何种意义上属于某个个体，而不是其他个体了。也就是说，除当前讨论的亚个体认知过程外，后续加工操作的所属关系也成了一个问题（正因如此，所属条件独立于条件 1 至条件 3，需要单独规定）。但条件 2 确实给了我们一种思考亚个体认知过程所属关系的方法：根据认知的判断标准，当亚个体认知过程的本征功能是为某个个体实施的加工操作（而不是为该个体本身）提供可用的信息，它就属于该个体。这符合一般意义上的功能主义理念：若认知过程的本征功能是为某个个体实现的，就可以认为它属于该个体。

3　整合：个体水平与亚个体水平

就认知过程而言，“适当的整合”意味着什么很难确定，因为众所周知，与诸如消化等生理过程不同，我们很难在个体水平与亚个体水平的认知过程之间做出明确的区分。对消化过程来说，这种区分无疑是可能的，但也无非是说我们能在完整的消化过程及其构成成分之间画出一道界限来罢了。作为一个完整的过程，消化当然是有机体的消化。但其成分，如肠道的蠕动、消化酶的分泌等，则是由该有机体的各个子系统实施的。这种区分是合情合理的，尽管在需要具体情况具体分析时很难说能有多么精确。但是，它和区分个体水平与亚个体水平的认知过程并不一样。

我们通常会将个体水平的认知过程理解为有意识的（或受主体有意识控制的）认知过程，亚个体水平的认知过程则无此特点。二者在相当程度上对应于“有机体实施的过程”和“有机体的子系统实施的过程”——但也只是“在相当程度上”而已。况且这种区别是否适用于所有特定情况也不清楚。比如，我们之所以能追踪外部视觉刺激，是因为有一套低层机制可将注意自动指向视觉瞬变。这
145 套机制是不受我们有意识控制的，但我们很难将它的作用归于哪个“子系统”。跳视眼动就是这套机制明显的“成效”之一，眼球、面部和头颈部的整体运动也是。到头来，是我们在追踪视觉瞬变，而非我们的哪个子系统或身体结构。

在我们提出的认知判断标准中，条件 2 试图以一种不同的方式区分个体水平和亚个体水平的认知过程——虽说与上面的区分方式也是兼容的。个体水平的认知过程之本征功能是让信息对主体可用；亚个体水平的认知过程之本征功能则只是让信息对后续加工操作可用。

我们对“个体水平”的认知过程的理解不应过分囿于字面。认知过程的主体或所有者不一定就非得是哲学家们所说的“个人”，比如要能对自己的心理状态和行动进行反思和道德评判——即便有机体做不到这些，也不妨碍它们能在认知活动中扮演“个体”（相对于“亚个体”）的角色。也就是说，“作为个体”和“拥有认知过程”是存在内部关联的：认知过程从属于个体，也因此界定了个体。根据这种界定，“个体”显然比哲学家们所说的“个人”要宽泛得多。事实上，我相信个体和亚个体的区别并非单一确定的，而是多重的、相对的、互指的（Rowlands，2006，140 – 143）：特定描述水平的个体过程相对于另一描述水平可能就是亚个体过程，反之亦然。在某些语境下，特定操作机制（相对于构成这些机制的子机制而言）本

身就属于个体水平的描述。

因此“个体”与“亚个体”作为两种描述水平间的区别并不像字面上那样清楚明白。但如果像哲学家们那样，将“个体”水平理解为“个人”水平——尤其是如果像哲学家们那样，将“个人”界定为“理性的、有能力评估其目标和行动的主体”的话——以理性的一致性与连贯性来解释“适当的整合”就很正常了。前述“由外星人移植的思维”之所以不能被整合到个人的心理生活中去，就是因为这些思维与受害人（其余）的心理生活在理性或逻辑上不相连
续。关于认知过程的所属条件能否以这种“整合”来理解，我很快 146
就会提出质疑。我相信这种“整合”并不足以很好地解释所属关系，尽管这种解释非常典型。而在个体水平之下，既然我们的关注对象并非能与特定意向立场（Dennett，1987）相对应的主体，也就谈不上理性的一致性与连贯性了（尽管我们还是能探讨规范性问题）。此时“整合”的概念要用因果关系来解释：当我们说一个主体的心理生活整合了特定过程时，意思是该过程与实现主体心理生活的一系列过程与状态之间具备了恰当的因果关联。

但虽说个体水平当然，有别于亚个体水平，相应地“整合”的概念在不同描述水平也有着不同的含义（至少当“个体”大体对应于传统意义上的“个人”时），我们却显然可以认为个体水平要比亚个体水平更加“基本”。当然，“基本”在这里并不是本体论意义上的，毕竟个体水平的过程并非空中楼阁：没有亚个体水平的机制与过程，“个体”及个体水平的过程——包括思维、记忆、推理和知觉——都不可能存在。“个体”水平更加“基本”的意思是如果没有个体水平的认

知过程，我们就没有理由相信有什么亚个体水平的**认知**过程正在进行。

这听上去有些自相矛盾，但只要回顾一下“个体”或“个人”（person）的概念在我们论述中的含义是多么的宽泛，就能理解此中深意了。“个体”的含义类似“有能力识别环境中的变化并据此调整自身行为的有机体”。认知是这类有机体的认知。我们就是这类有机体，但这类有机体可不仅包括我们。因此，我们可没有说只有人类或高等哺乳动物拥有认知的能力。相反，我们的主张只是：任何认知过程都必然要属于这类有机体的一个成员。显然，这就是“所属条件”——假如一个过程并不属于某个有机体，就没有理由视其为认知过程。我们或许能够用信息论的术语来描述它，甚至能将它界定为信息加工，但到此为止——能用信息论术语描述的信息加工操作尚不成其为认知操作，除非它属于一个有机体，该有机体要有
147 能力识别环境中的变化并据此调整自身的行为——如果它做不到这些，就没有理由认为它的任意一种内部过程和（比如）消化过程在类型上有什么不同。

事实上，这个主张还能再强化一些。仅仅属于某个有机体还不足以让一个过程成其为认知过程，它需得以某种方式（或通过与其他类似的过程相结合）对该有机体识别环境中的变化并据此调整自身行为的能力做出贡献。我们可以主张：一个过程“属于”某个有机体意味着其对后者产生了这类助益。也就是说，某个亚个体认知过程之所以属于特定有机体，系因其为后者识别环境和/或后续的行为调整产生适当的助益。识别环境和调整行为属于个体水平的能力，它们是有机体凭借（in virtue of）其子系统做到的，而不能归于（be attributed to）子系统自身。因此到头来，一个亚个体水平的过程系因其（以某种方式，或通过与其他类似的过程相结合）对主体个体水平的认知生活有所助益，而成其为认知过程。当然，要描绘亚个体过程整合为个体水平的认知生活的必要和充分条件（即便只描绘其充分条件）以确定这种助益的准确性质绝非易事（何止是“绝非易事”），但若我们假设个体水平的认知过程随附于亚个体水平的认知过程，就有理由相信这是能做到的——而我们似乎也只能做出这样的假设。

但即便这些见解都是正确的，也给我们留下了另一个问题。如果我们的策略是用个体水平的认知过程的所属条件来解释亚个体水平的认知过程，就先得解释个体水平的认知过程“属于”某个有机体是怎么回事。接下来就考虑这个问题。

4　所属关系：标志性与构成性问题

对所属关系的解释大概可以有两种形式，就其自身而言，二者都是合理的。第一种解释提供所属关系的判断标准，也就是某个个体水平的认知过程属于特定主体的充分必要条件（或只是充分条件）。显然，我们可以将这条思路命名为“标志法”。但我将重点关注另一条思路，它要回答的问题是：认知过程的所属关系是如何构成的？标 148
志性问题确定了一组条件，认知过程在这些条件下可为特定主体所拥有。构成性问题则试图进一步解释**何谓**“拥有”这些过程。

通常情况下，回答标志性问题需要借助一系列规范，如逻辑的一致性和理性的连贯性。粗略地说，一个个体水平的认知状态或认知过程能在多大程度上合乎理性与逻辑地整合到主体的心理生活中去，它就在多大程度上属于该主体。但即便只关注判断标准，这种回答也难免要遭遇所谓的“替身质疑”（doppelganger objection）。我们完全可以形而上学地假设有两个不一样的个体，但他们在心理上是彼此的副本。[7]果真如此的话，只考虑理性与逻辑的一致性本身就不足以回答给定心理状态或心理过程的所属关系问题了：双方将在同样的程度上满足这些判断标准。请注意，这个问题并非认识论意义上的，而是本体论意义上的。也就是说，它无关于你我如何确定给定过程属于某个主体而非另一个，而是关乎给定过程出于什么原因属于某个主体而非另一个。“替身质疑”的要义是：理性与逻辑的一致性本身无法证明将给定心理状态或心理过程归于某个个体而非另一个是合理的。既然“替身”或心理副本在原则上是可能的，看来我们就不得不做些别的考量了。或许我们很快就会想到空间关系，但前文早已谈到根据空间包含关系判断所属关系会产生的问题了。因果关系也是个明显的备选项，但它会产生更严重的问题，比如，如何协调“理由”（reasons）和“诱因”（casuses）的关系，在二者冲突时如何确定优先性原则，以及如何应对因果链异常导致的一系列恼人的问题。

需要强调的是，我并没有说这些问题是无解的。有些人或许想要尝试一番，虽说我个人没有这个兴趣。但我想要指出，即便这些问题都以一种大家能够接受的方式得到解决，一个更基本的问题还是会被遗留下来。要用整合来解释认知过程的所属关系，就得确认所谓“固定参照系”。大略地说，我们得知道什么东西被整合到什么东西中去了。即便依据逻辑和理性的一致性将给定心理项整合到给定主体的心理生活中去，这么做的前提也是“给定主体”与其“心 149
理生活”的所属关系已经没有争议——也就是说，整合的思路只有在我们能够确定给定主体毫无疑义地“拥有”某些东西的时候才可能有效，唯有以此为前提，我们才能探讨给定心理项在何种条件下能被合理地整合到这些东西中去。“固定参照系”就是这个意思：我们要先行确认某些事物，其所属关系应该是没有争议的。历史上，这种最少争议的参照系一般都涉及确定有机体的输入与输出。

在先前讨论消化过程时，我们就曾提及这种整合主义的方法。我曾指出：当且仅当一个消化过程的功能是分解**我**摄入的食物，为**我的**呼吸代谢过程供能，才能说它是“我的”消化过程。摄入食物的过程构成了消化过程的输入，呼吸代谢过程构成了输出。这是一种很常见的判断方法，但它只有在摄入食物的过程和呼吸代谢过程的所属关系清晰明确、毫无争议时才有效：假如这些过程的所属关系本身就有问题，我们肯定没法指望依此法解决消化过程的所属关系问题。

同样，以整合解释认知过程的所属关系也需要先行确认固定参照系，即存在某种绝无争议的所属关系，而认知过程的整合就在此基础上进行。传统上，该固定参照系同样涉及输入（感觉和知觉）与输出（运动反应与行动），但输入与输出就和我们关注的任意认知过程一样，其所属关系本身就有问题。我们已经指出空间包含关系不能用于理解所属关系，而旨在取代空间关系标志的、对所属关系的宽泛意义上的功能主义解释（强调“适当的整合”）又无法回避固定参照系的问题。要确定一个认知过程“属于”某个主体，光指出它能与该主体的输入与输出“适当地整合”还不够：这些输入和输出也需要和认知过程“适当地整合”才能“属于”该主体。可
150 见，任何试图借助整合回答所属关系问题的尝试其实都规避了感知和行动的所属关系问题。

如果真是这样，我们似乎就能合情合理地将整合主义视为对标志性问题的回应了：假设我们有一个固定的参照系（也就是说，某些状态和过程的所属关系没有争议），一个认知过程要被整合到该参照系中的充分和/或必要条件是什么？这个问题就十分合理了，但它会引出一个整合主义方法无法回答的更基本的问题：一个有机体“拥有”其认知过程到底是什么意思？请注意，对这个问题，我们没有一个固定的参照系，也就没法应用整合主义，但它关乎我们如何理解有机体拥有其认知过程及相应的输入和输出——它问的是“有机体拥有其认知过程是什么意思”，而这密切关联于“有机体拥有其对环境的感知是什么意思”，以及“有机体拥有其后续行为反应是什么意思”——这三个问题加起来才是所谓的“构成性问题”。

本书剩余部分将致力于回答构成性问题。能顺带解决各类标志性问题自然更好，但这就不是区区一本书所能涵盖的了，而且对支持“融合心智”的主张也并非不可或缺。我相信一旦解决了构成性问题，引出具身心智和延展心智的主张就是水到渠成的了，就像开明的功能主义将自然而然地引出延展心智的主张一样。我将尝试证明：这两大主张能否成立都取决于能否正确地理解认知过程的所属

关系——引导读者对这层关系形成“正确的理解”正是本书剩余部分的主要使命。

5 所属关系与能动性

道理讲到这里是有些绕。且做一下前情回顾：根据认知判断标准的条件2，一个认知过程的本征功能是要将原本“不可用”的信息变得“可用”。实现这一目标有两条路线：要么让信息对主体可用，要么让信息对亚个体水平的操作过程可用。但后者其实无助于解决所属关系问题：亚个体水平的操作过程何以“属于”特定主体？我们已经知道空间包含关系不构成所属关系的判断标准。这些亚个 151
体过程仅在以恰当的方式与主体整合时，才能被认为“属于”该主体。而这种整合必然要对该主体能够有意识地访问或有意识地控制的过程产生相应的影响。因此，如果一个亚个体水平的过程能（与其他亚个体认知过程一同）对主体（能够有意识地访问的）个体水平的认知过程产生影响，就能说它以恰当的方式与该主体实现了整合。请注意，“与其他亚个体认知过程一同”可不是轻描淡写的补充，事实上许多亚个体过程如果单拎出来分析的话，未必能影响个体水平的有意识的认知过程：它们要么转瞬即逝，要么确实不那么重要。但当这些（或许是相当大量的）亚个体过程结合起来，或许就能推动表征的有意识转化——前提是该认知系统的一系列有意识/无意识过程与状态能够形成一个相对一致的整体。这种一致性如果低于某个阈限，我们（在意识水平上）就会感到某些思维（和态度）的转化就像是受到了“外力”的操纵。

如果真是这样，亚个体认知过程的所属关系问题就必然随附于个体认知过程的所属关系问题了。前者的所属关系可以用整合来解释，但前提是我们已经解决了个体水平的认知过程的所属关系问题。因此，接下来的任务就是理解个体水平的现象的所属关系了，而且这种所属关系问题本质上属于构成性问题，而非标志性问题。

解决该构成性问题的一个理想出发点是，我们要意识到个体水平的认知过程究其根本是我们的活动（activities）——是我们**做**的事情（things we do）。因此，或许可以参照各种活动的所属关系来解决个体水平的认知过程的所属关系问题。通常，活动之所以是“我们的”，正是因为它们是我们所做的，是我们所执行/实施的。这样看来，我们要思考的其实是以下两个问题：

（1）个体水平的认知过程是一种什么样的活动？

（2）我们在何种意义上实施了这种活动？

当然，在某种意义上不同类型的认知过程当然对应于不同类型的活动：思维过程与知觉过程不同，与记忆过程也不同，诸如此类。
152 但这并没有排除一种可能性，那就是存在一种一般性的活动——它囊括了所有类型的（个体水平的）认知过程。[8]我相信事实的确如此。如果真是这样，那么要理解我们在何种意义上实施个体水平的认知，就是要理解我们在何种意义上从事这种类型的活动。这些问题都是我们将要着手解决的，但现在我只想做个预热，简单分析一下“执行/实施（并因此‘拥有’）特定活动”通常是什么意思。

假设我在盖一间房子，而且是自己干。“盖房子”这个活动在何种意义上是“我的”？为防你觉得这个问题问得太矫情，我换一种表述：怎么就能说是我，而不是别的什么人在盖这间房子？特定活动的所属关系问题可还原为该活动由谁实施的问题——我“拥有”该活动恰恰是因为我是它的实施者（author）。

但这又产生了新的问题。作为活动的实施者（也就是发起活动的人），我们拥有这项活动的“权限”（authority）。我对盖房子这件事就有某种权限，但对（比如）我不小心从屋顶上摔下来这件事则没有。我是前一项活动的“实施者”，但只是后一项活动的“受害者”。这很直观，但在直观背后，“权限”到底是什么意思呢？

很多人都会想到，我的活动之所以是“我的”，是因为我对实施该活动有自己的意向（包括一系列彼此关联的意向状态，如信念、欲望等）。我是“盖房子”这项活动的实施者，是因为我有盖这间房子的意向。我为了盖房子而做的每一件事都可以解释为我在这种意向的指引下实施（构成“盖房子”这一完整活动的）必要的步骤。相反，不慎摔下屋顶并非出于我的意向，因此我只能扮演“受害者”的角色。

但诉诸意向没法解决我们想要解决的那个问题，只是将它延后了：现在我们又要面临意向和其他意向状态的所属关系问题了。显然，所属关系问题的表现形式不止一种，因此区分实践权限（practical authority）和认识权限（epistemic authority）对我们就很有用了：我相信二者并没有明确的分界线，但这并不代表它们就没有

区别。既然根据预设条件，我是一个人在盖那间房子，那显然就可
以说**我**（而且只有我）在实施这项活动了。但盖房子的时候，我用
153 到了其他人烧制的砖瓦、其他人提供的木料和其他人制造的工具
（当然还有很多），所以我们怎么就能说这间房子是我，而不是这些
个“其他人”盖的？诉诸意向是无效的，它最多只能引出下一个问
题：如何区分这整个过程中我有意向的和没有意向的那些步骤？

人们也许会认为盖房子这项活动在何种意义上是“我的”，可还原为我在何种意义上对这项活动的过程及其成果拥有“权限”。但这里涉及两种不同的权限。想象“盖房子”这个完整过程中的一环——砌砖。我对该环节的某些部分拥有“认识权限”，如我显然要能够认出不同的砖头，将它们区分开来（这种区分方式可能不止一种）。简单地说，我要根据工作的需要熟悉手头的材料。我还得了解泥工的作业标准，包括根据气温调节水泥与水的比例，以及确定房屋的不同部位需要上多少砂浆，等等。我得了解这些方面，并为做好这些方面的工作承担责任——认识上的责任。

至少在理想情况下，认识上的责任和实践上的责任是可以区分开来的。我可以举一个“理想情况”的例子：想象一种情境，若身处其中，则意味着我对每一块砖头的内部成分完全缺乏了解。比如，我在一个陌生的国度，不会说当地的语言，砖头来自当地唯一一家砖厂，而老板对原料清单和烧制过程又严格保密。因此，如果我决定要用这些砖头来盖房子，我对这些砖头的责任就只是实践上的了——我依然负有责任，因为我大可（比如）撒手不干。但鉴于我完全不了解

砖头的内部成分，我没法对这些砖头承担认识上的责任。在这种情况下，我们可以（近似）清晰地将我对砌砖这个环节的“权限”分为以下两个部分：我对砖头的实践权限和我对砌砖这个过程的认识权限。（之所以只能“近似”地区分，是因为原则上我们还应该参照我对砖头的责任来考虑我对水泥的责任。）

当然在现实中，情况总是要复杂得多。认识上和实践上的责任几乎不可能明确区分开来，而我们对特定活动某些方面的了解通常也并非“全或无”。我也许对砖头的内部成分一无所知，但知道这家 154
砖厂口碑很好。因此，如果我决定采购他家的砖头，也许就在某种程度上承担了对砖头的认识上的责任。当然我也可能因为砖厂缺货，或预算方面的限制而选择其他采购渠道。不过重要的是，我毕竟不像了解泥工作业标准那样了解砖头的内部成分，因此虽说我能为选择砖头承担一些认识上的责任，但我对这些砖头拥有的权限大部分还是实践的，而非认识的。

考虑到这种现实的复杂性，我们能够区分实践权限和认识权限，这两种权限恰好对应两种责任。就盖房子这一过程及其成果而言，我对其中某些部分承担认识责任，但对其他部分只承担实践责任。你也许会说，纯粹的实践责任其实不是真正意义上的责任。如果因为砖头的质量不过关，盖好的房子倒了，而我又完全有理由说自己根本没法预料到这些，你也许就会认为房子出的问题不能算在我的头上。但假如房子倒塌是因为我的水泥砂浆调配得不好，那这就是我的问题了。因此可以说我“拥有”盖房子这个过程及其成果的某些部分，而非所有部分。这相当于说我要对这个过程及其成果的某些部分（而非所有部分）承担责任——认识上的责任。

我们很快就要谈到，认识权限还不能被视为个体水平的认知过程之所属关系的判断标准，但它提供了一种区分（我们所拥有的）个体水平的和亚个体水平的认知过程的比较可靠的方法（当然对亚个体水平的认知过程的“拥有”意味着这些过程要被整合到个体水平的认知过程中去）。这当然不足以达成本书的目标，在本章的最后一节和本书剩余章节中我将跨越认识权限这个概念，探讨所属关系的根本内涵。但即便不做这些深入探讨，认识权限也已为我们提供
155 了足够的资源以回应针对融合心智理念的标准的反对意见——认知膨胀说。我们先就此简单说两句。

6 权限与认知膨胀说

认识权限让我们得以区分个体水平和亚个体水平的认知过程的所属关系。在个体水平，我对一个过程的认识权限是一个比较可靠的指标，表明该过程“属于”我。但对亚个体水平的认知过程来说，这就不适用了：它们之所以是“亚个体”的，恰恰是因为我对它们没有“权限”可言。考虑到“未处理的初始简图转化为完全的初始简图”这样一个过程，我并非“实施”，而是“受制于”这个过程。认识权限是我们是否拥有特定认知过程的**（认识论意义上的）**判断标准，如果我们无法在认识论意义上访问某个过程，自然也就谈不上对它有什么认识权限了。不过，亚个体水平的过程可以是“认知

性”的，因为它们可以被整合到个体水平的认知过程中去，以此为后者做出贡献，而对个体水平的认知过程，我们是可以谈认识权限的。记住这一点，我们再来回顾一下“认知膨胀说”。

我们对望远镜、计算器或 CPU 内部的过程没有认识权限，因此它们不算是个体水平的认知过程——在个体水平它们不属于任何人。但这和它们属于亚个体水平的认知过程这一点并不矛盾。只要能被适当地整合到特定主体的（个体水平的）心理生活中去，它们就是亚个体水平的认知过程——在这种情况下，它们的作用正如亚个体水平的神经计算：就其对个体水平的认知过程做出的贡献而言，它们是认知性的，仅此而已。

我相信这就足以回应“认知膨胀说”的质疑了。首先，延展心智并没有主张望远镜、计算器或 CPU 中的过程就相当于知觉、记忆、推理和思维。望远镜、计算器和 CPU 中当然不存在这种东西！其次，虽说延展心智主张望远镜、计算器和 CPU 中的过程属于亚个体水平的认知过程（也就是说，相当于从未经处理的初始简图转化为完全的初始简图），但这只适用于一种情况，那就是望远镜、计算器和 CPU 与特定认知主体以一种适当的方式耦合：作为个体水平的 156
认知过程的主体要能满足认知判断标准的条件 1 至条件 3。

认知膨胀说针对的是一种对延展心智主张的错误解读，即认知域的概念可以不受约束地拓展开来，我的认知过程可以外延到囊括我的笔记本、电话簿和互联网。这种看法是没有依据的。延展心智的主张是，认知域的范围只包括认知主体及以适当的方式耦合于该主体的系统，而所谓的认知主体，指的是那些对其行动拥有认识权限的系统。（是否涉及循环论证？）即便如此，也并不是说人造物内部就存在所有类型的认知过程：事实上，它们只能承载亚个体水平的认知过程。关键是，它们只有在以适当的方式与认知主体耦合的前提下才能承载这些认知过程。

当然，根据延展心智的主张，个体水平的认知也能（以活动的形式）延展到外部世界中去，包括我们对环境中的信息承载结构的操纵、利用和转化。但这种延展并非不受约束：它只包括那些我对其拥有认识权限的活动。当然，认识权限并非一个“全或无”的概念，其与实践权限的区别也难说有多清晰，因此个体水平的认知过程向外部环境的延展势必谈不上有多么界限分明——它是否囊括了某些外部事物，在许多情况下都是一个程度问题。但既然我（有认识权限）的活动并非以一种不受约束的方式对外延展，我的个体水平的认知过程对外延展的方式也因此可免“膨胀”之嫌。

7　认识权限的衍生性

了解认识权限的“能”与“不能”很重要。认识权限能以一种比较准确的方式区别那些属于我们的个体水平的和亚个体水平的认知过程——后者之所以属于我们，是因为能被整合到前者中去。因此，认识权限能让我们应对“认知膨胀说”的质疑。认知过程向外部环境的延展绝对不是不受约束的——它不会涵盖笔记本、电话簿和互联网，而是只会将那些耦合于认知主体的事物囊括在内，并且

只有在这些事物与认知主体相互耦合之时。因此，认知过程当然可 157
以“渗入”CPU和计算器，但这种事情只发生在亚个体水平，而且（再强调一次）只发生在这些工具与认知主体存在适当的关联关系之时。我相信这些就是认识权限之“能”。但认识权限“不能”为我们提供个体水平的认知过程之所属关系的判断标准。对认识权限最恰当的理解是：它是我们所拥有的（个体水平的）过程的一种合理、可靠的伴随概念（accompaniment）或表现（symptom），但并非这些过程之属于我们的判断标准，因为在它背后还有一些更加基本的东西，而这些“最基本的东西”抓住了所属关系的核心。换言之，认识权限是一个有用的概念，但只是衍生性的。大略地说，只有在我们的活动不太流畅、一些事情进行得不够顺利时，才会产生认识权限的问题。而不论这些活动顺畅与否，它们无疑都“属于”我们。这一点经常被以下事实所掩盖：只有在我们的活动进行得不够顺畅时，个体水平的过程本身才会产生。

这种理念“十分的海德格尔”。海德格尔（1927/1962）曾就我们在世存在的基本方式给出过著名的——但经常被误读的——分析，他十分重视“器具”（Zeug）这个概念。广义的“器具”包括任何有用之物：工具、设备、材料，涉及衣食住行的方方面面。本质上，“器具”就是“有‘为’之物”（something-in-order-to）（1927/1962，97）。在这个意义上，器具永远指向其他的器具——海德格尔的意思是某物要成其为器具，就必须在一个由各种器具构成的网络中发挥作用。

> 器具——及其“器具性”——系就其属于其他器具而言的：墨水

> 瓶、钢笔、墨水、纸张、吸墨台、桌子、台灯、家具、窗户、房门、房间……严格地说，不存在“一件器具”这种东西。任何器具都属于一个器具性的整体，否则它便不成其为器具。(1927/1962, 97)

任何器具的存在都是由它在这样一个器具性的整体中的位置决定的。人们在这个世界存在的基本方式，也正是作为这些器具性整体的使用者或操纵者。在这个意义上，我们是借助对世界的某种理解实现“在世存在”的，而这种理解最基本的形式在于对器具的使用。

> 当某物被投入使用，我们的关注就从属于使用之“所为”(in-order-to) 了：此乃其作为器具为我们所用的一部分。当我手握锤子，用它来工作，而不只是盯着它看，它与我的关系就具有了原初性，它作为器具的一面也就展露无遗了。(ibid., 98)

158 当然我们即便从未用过，也能知道锤子是什么东西。但在海德格尔看来，这种理解是“实证”(positive) 的，而不是“原初”(primordial) 的。对锤子的基本的，或者说“原初”的理解只能是使用，这一点适用于任何器具。

当我们使用（因此“原初”地理解）器具时，它有一种对我们变得“透明”的倾向，也就是说，似乎会在我们的心目中“消失”。我们的意识能“穿透”它，直抵其“所为”——使用该器具试图达成的目的。

> 可用之物有一点特殊：其必自可用性中退场 (withdraw)，方可

真正实现此可用性。我们的日常工作并非与工具打交道，而是与任务打交道——我们关注的是那些当下有待完成之事。(ibid.，99)

我们锤钉子的过程本身"揭示了锤子的某种'可操纵性'"(ibid.，98)，在这个意义上，这个过程构成了我们对锤子的某种理解。但我们在此过程中通常都意识不到锤子本身，也意识不到它的那些"实证"的特性。我们意识到的只有手头的任务。这意味着锤子，以及它所处的那个器具性整体——包括钉子、木头、天花板和房间——对我变得"透明"了。我的意识穿透了它们，直抵我当前活动的目的或目标。

这样一来，我们"实施"特定活动是什么意思就更清楚了。许多人都不认为在我们与世界的这种寻视性（circumspective）互动中存在"能动感"(sense of agency)，这反映了一种普遍的理解，即能动感是一种有意识或意向性的状态。人们通常认为这种状态涉及**意志**或有意识的尝试（tryings）。一种类似的见解是，能动感就是主体对自身**努力**的感受，或至少密切关联于这种感受。还有一些人相信，能动感是对特定行动的感受，这些行动是对意向（意图）的实现，且主体感到这些意向（意图）"属于自己"。但我们的日常活动大都没有**这种**能动感——并不是因为我们感到活动易如反掌，因此无须努力。相反，我们通常是经验不到活动本身的。

通常，不仅器具性的整体对我们是透明的，我们自身在某种意义上也同样是透明的。这一点很重要。我在锤钉子时全神贯注于手头的工作，不会将自身经验为一个区别于锤子和钉子的实体——我

并没有意识到自己是当前活动的实施者。自我的这种透明性也连带着让我的一系列心理特征变得透明了：我通常都意识不到自己落锤
159 时花了多大的力量，更意识不到控制我动作的那些心理状态。我意识不到自己的动作，意识不到自己的意向（或是这些意向的具体内容），因此，我几乎意识不到我的动作是在实现哪些“属于我的”意图。我们与世界最基本的（或者用海德格尔的话来说——原初的）能动互动通常都像这样是无意识的，而绝不能解释为对特定心理项（如自我、意向、意志及其内容）的觉知所致。正是这种透明的空虚让我们得以直接指向自己的目标，构成了我们的能动感——对自身能动感的基本“感觉”。

你是接受上面这种观点，还是沿袭传统，以外显意向界定能动感，在很大程度上是一个表述问题。重要的是，任何以主体对其心理状态的觉知或意识解释能动感的做法都是对能动感的误读——它们解释的能动感无不意味着主体与器具的互动“出了某种问题”。这种对能动感的心灵主义解释描述的其实是器具性整体内部联系的瓦解，使器具、主体及其意识状态不再透明。

海德格尔描述了三种类型的瓦解，严重程度依次递增，分别是显著（conspicuousness）、顽固（obstinacy）和突兀（obtrusiveness）：“显著即可用器具呈现出某种‘不可用性’”（ibid.，102 – 103），如我拿起锤子后发现它太沉了。这种器具性的瓦解很容易应对：我只需要放下这把锤子，换一把轻一点的，原本的寻视性互动很快就能恢复。但有那么一刻，我觉知到，或者说意识到了这把锤子：“纯粹的现成性（occurrentness）就在这样的器具中呈现，但只作为某物之

可用性向特定主体呈现出来。”（ibid.，103）

“顽固”是器具的暂时瓦解，要比一把锤子因为太沉而不趁手更严重一些。比如锤子太沉，而且我还找不到它的替代品。又如，锤头与手柄的连接处出现了松动，除非我将它重新装好，否则寻视性互动就没法恢复。类似这种情况打乱了从“所为”到“向此”（towards-this）的构成性布置（ibid.，105）。现在我要就自己在做什么进行思考，即加以审议（deliberation）了：我该怎么将锤头装回 160 去？我有必要的材料和工具吗？面对这种状况，我将不得不制订某种反思性的计划。有时这种计划明显指向未来：我自己没法将锤头装回去，但小商品市场里那家五金店没准能做到。

“突兀”是器具的瓦解最严重的情况，这是一种彻底的瓦解。比如，我设计并安装的屋顶因为严重的结构缺陷而塌了下来，我只能回到图纸上，就如何消除设计缺陷进行认真的理论审议。锤头松脱时我也要审议，但那种审议归根结底还是实践性的——最多会考虑用胶布或木楔子加固手柄与锤头的连接。但要修改屋顶的设计，我的审议就得在理论上进行。正如海德格尔所指出的，只有寻视性互动受到妨碍无法持续，审议才需要上升到理论高度。

> 如果我们要通过观察现成之物、确定其性质来了解它，则意味着我们与世界的操劳的关联必存在**缺陷**。（ibid.，88）

“显著”“顽固”与“突兀”间的区别在其他语境中很重要，但就我们的目的而言，只需要指出它们最重要的一点共性：我**经历**的意向及其他心理状态正是因为它们才得以进入我的意识并转化为我觉知的**对象**（objects）。

当我在与世界的互动中全神贯注，我的意识是没有明确对象的——我意识不到自己在使用的器具，也意识不到使用该器具时的心理状态。或许可以说，我的意识是一种对世界的朝向：它穿透了对象，直指我的目标。但当器具性的整体以海德格尔所说的三种方式发生了瓦解，我就会意识到相应的对象，如锤子太沉或锤头有松脱的危险。但也正是在这种状况下，在寻视性互动遭遇障碍之时，我能经验到自己的能动性，能意识到某种能动感正从心理生活中产生。我将意识到行动是有难度的，需要付出努力，而且是我的信念和欲望让我付出这般努力。在我的体验中，努力是对意向的实现，而这种意向“属于”我。在各类情境中，我都以诸如此类的方式来经验自身的能动性，也就是对自身能动性的现象学加以刻
161 画。但这些现象学解释针对的都是能动性遭遇障碍的情况，因此它们所解释的能动感是随附于——或衍生自——某种更为基本的能动性的。

8　从应对到认知

就宽泛意义上的活动而言，所属关系问题其实就是能动性问题或实施者问题：一项活动之所以“属于”我们，是因为我们“实施”了它。但“实施”一项活动通常无法被还原为我们对该项活动拥有认识权限。认识权限至多是所属关系的一种表现，前提是我们的能动性遭遇了某种障碍。但如果这种海德格尔式的分析是正确的，

那么至少某些认知过程——如思维和推理等——就只有在我们的能动性遭遇障碍时才会产生了。因此，人们自然就会基于认知权限界定个体水平之认知过程的所属关系，这也正是那种值得尊敬的认识论内部主义观念的由来。（个体水平的）认知与（作为其可靠伴随概念的）认知权限之间具有真实存在的关联性，但这种关联性只是衍生的，它只是一种（在海德格尔意义上）更加“原初”的所属关系的表现，只不过这种“原初所属关系”藏得更深，以至于为求方便与直观，我们很容易误用认识权限来解释个体水平的所属关系。

本书剩余部分就将致力于揭示这种原初所属关系。我将指出，理解延展心智与具身心智主张的最好的方法，是将个体水平的认知过程视为活动，这些活动建立在一个结构的基础上，该结构蕴含了主体**应对**世界的一系列基本方式。个体水平的认知过程并非只是从这些基本应对方式中涌现出来的，在某种重要的意义上，它们与这些基本应对方式构成了一个连续的谱系。并不是说在器具性的整体瓦解后，一种全新的活动——认知——就会诞生，相反，认知活动与这些更为基本的应对方式是连续的。该“认知 - 应对连续体”意味着认知活动与应对活动至少在某种意义上根本就属于同一类型：它们是实施同一类活动的不同方式。如果真是这样，我们就得用一种更为概括的方式，以一个类概念（sortal concept）来刻画这些活动，将认知与应对都纳入其中。在本书的剩余部分，我将给出这样一个类概念：认知和应对都属于“展露性”或“揭示性”的活动。正是在这种展露和揭示中，我们将发现认知过程之所属关系的真正 162
根基。

最终——以下涉及“剧透”——我将指出，一旦接受了所属关系的上述基本内涵，融合心智的主张（体现为具身心智与延展心智）就是自然而然、显而易见的结论了。认知过程与许多应对活动一样，是展露性的或揭示性的，而构成认知的展露性或揭示性的活动不仅限于大脑的活动，还包括身体的过程，以及我们**在**现实世界（和**对**现实世界）的所作所为。

新认知科学

The New Science of the Mind

从延展心智到具身现象学

第7章

作为揭示性活动的意向性

163 1 介绍

在最后两章里，我的主要观点包括：

（1）应对和认知都是展露性或揭示性的活动。展露或揭示的概念为我们判断认知过程的所属关系提供了最终的依据。任何事物**本身**都不可能是展露性或揭示性的，只能是**为某人或某物**展露或揭示。个体水平的揭示是为某人揭示；亚个体水平的揭示是为某物揭示——认知过程的所属关系归根结底就是揭示性活动的所属关系。

（2）认知过程之所以是延展性的，是因为它们是揭示性活动。有机体实施的揭示性活动可以且经常延展到皮肤界限以外。

（3）一切认知过程皆有所属，其中许多都是延展的，归根结底是出于同样的原因：认知是揭示性活动。

（4）认知是揭示性活动，因为认知是意向性的。我们最好将对世界的有意的指向理解为揭示性活动。

本章将深入探讨揭示性活动的概念。为此，我将考察那些（至少一开始）最有助于澄清这个概念的状态，也就是那些既有意识又有意向的状态。换言之，我将关注现象经验，特别是知觉经验。我将指出知觉经验是意向性的，因为它们是对世界的展露或揭示；它们是有意识的，因为它们为某人（知觉经验的主体）展露或揭示世界。最后一章会将这些观点应用于认知，并据此提出：许多（尽管不必是全部的）认知活动都是延展性的。

因此最后两章将要提出的观点既是针对性的，又是概括性的。 164
之所以说针对性，是因为它们解释了认知过程的所属关系，补充了认知的判断标准，有力地回应了针对融合心智主张的质疑；之所以说概括性，是因为它们揭示了融合心智观非常重要的一些特性。融合心智观并不是什么挖空心思故作艰深的东西，事实上，认知过程的具身性与延展性是显而易见的——只要我们对意向性有恰当的理解，就压根儿不会想要去质疑它。换句话说，如果有人将具身心智与延展心智观视为某种离经叛道、大谬不然之物，那一定是因为他对有意识经验的意向性做了某种并不完善的界定。尽管并不完善，但这种界定十分常见，且生命力相当顽强。如果我们想要理解意向性（对特定对象的指向），就得承认人们总会有意无意地忽视有意识经验的某些方面。这种忽视很有趣，因为 20 世纪的一些伟大学者——既有分析哲学家，又有大陆哲学家——对意向性及（以此为基础的）有意识经验的论述其实已经十分清楚了。

本章分为三个部分。第一部分将揭示关于有意识经验（知觉）的默认的观点，描绘其造成的影响。第二部分将考察几位生活在20世纪的伟大学者——弗雷格（Gottlob Frege）、胡塞尔（Edmund Husserl）和萨特（Jean - Paul Sartre）——对意向性（及有意识经验）的另一种明确界定。并不是说以这种方式界定意向性的就只有他们，但这三位在持类似见解的学者中无疑是最重要的，也最具代表性。第三部分将综合这三位先哲的观点，予以深化和系统化，并据此提出一种新的现象经验观。如果顺利的话，这种现象经验观将有助于澄清意向经验作为揭示性活动的本质，并有力地支持融合心智的主张。

2 经验性对象：客观性的吸引力

近年来，人们界定经验（experience）时大都（有时是默认地，
165 但通常是明确地）将其预设为某种客体，或曰对象（object）。这当然不是说他们认为经验在本体论/存在意义上有别于其他范畴（如事件、状态、过程、性质、事实……），而是说他们将经验界定为我们觉知的对象，或能够为我们所觉知的对象——用康德式的表述就是，他们将经验视为“经验性的”（empirical）。说一个事物是“经验性的”，意思是说它是意识的对象或潜在对象：只要方法对，我就能觉知到它。

不仅经验本身是经验性的，经验的各种特性或曰各个方面也都是经验性的。我能觉知到自己对一个红苹果的经验，也能（如洛克

所说）觉知到这一经验的生动与鲜活。经验有一种特性特别重要，甚至是定义性的，那就是“拥有或体会这种经验是什么感觉”（what it is like to have or undergo the experience）。我们在拥有某种经验时通常都能觉知到“这种感觉”。假如这世界上有两个罗兰兹，一个是我，另一个在各方面都与我一模一样，但却是一位“哲学僵尸”，那么根据定义，我和他的区别就是：我在拥有某种特定经验时，会觉知到这种经验“是什么感觉”，而他不会。也就是说，我能觉知到经验的现象特性，而他不能。

在之前的作品中（Rowlands，2001）我曾指出：这种关于经验的“经验性模型”或曰“对象性模型”是错误的。但在这里，话无须说得这么满——并非我之前的见解有什么问题，只是它对本书剩余部分的论证而言无甚必要。与其说对意识的经验性界定是“错误”的，不如说它是“不完整”的。我将权且接受经验及其特性可以是我们觉知的对象（在加以适当地关注时），但这绝非它的全貌：任何经验都有一个“方面”，并且我们在拥有该经验时无法觉知。经验的意向性正在于此。我相信理解这一点——包括何以如此及在何种意义上如此——对理解融合心智的主张是不可或缺的。

若一个主体能觉知到某些经验和/或它们的特性，则该主体与这些经验间应具备何种关系？人们对此一直以来都有争论，比较有影响力的见解包括（它们未必互不兼容）：

（1）经验和“拥有经验是什么感觉”是知识对象。

（2）经验和“拥有经验是什么感觉”是内省的对象。

166 （3）经验和“拥有经验是什么感觉”是我们可访问的事物。

上述见解都能进一步加以划分，这取决于我们认为相应关系最可能以何种方式实现，如一阶或高阶意识模型。但本章的讨论将停留在上述见解的抽象水平。

见解 1 的一个典型例子是弗兰克·杰克森（Frank Jackson）的知识论（Jackson，1982，1986）。其基本假设是：“拥有一种经验的感觉”可以成为我们的知识对象——一种事实性的态度，但在宽泛意义上依然属于一种觉知。杰克森设计了著名的思维实验“黑白屋的玛丽”：一位叫玛丽的姑娘一辈子都被锁在一间“黑白屋”中生活，尽管身处单色的环境，她仍然靠自己的努力成为世界知名的神经科学家，在颜色视觉方面的成就无人能及。事实上，玛丽对颜色视觉涉及的神经过程无所不知。但是，杰克森指出：

> 我们似乎不能说玛丽“无所不知”，因为如果有朝一日离开了黑白屋，她就会了解到“看见（比如）红色的东西是什么感觉”。这完全可以说是一种学习——她不会耸耸肩说“啊，然后呢？”——因此物理主义（physicalism）是错误的。（Jackson，1986，292）

离开黑白屋之前，玛丽不可能知道看见红色是什么感觉。之后她知道了，这说明她学到了新的东西。因此，“看见红色的感觉”就成为她的知识对象。杰克森的“知识对象”是以一种最宽泛的方式界定的：如果 s 知道 p，p 就是 s 的知识对象。我们或许会就知识对象的性质提出一些特别的主张，但杰克森不做任何预设。比如，“p 是 s 的知识对象”这一点并不意味着 p 是某种特殊的“心理对象”

（一种特殊的存在，具有不可还原的内在现象特质，心智可在获取知识的过程中加以关注）。我对是否存在此类对象持怀疑态度，也不认为“知识”就非得有这层意思。根据杰克森的逻辑，可以说假如某个主体“知道”拥有特定经验是什么感觉，他/她所“知道”的就属于他/她的知识对象。这里显然包含了某种同义反复。

科林·麦金（1989a，b，1991，2004）的先验自然主义立场明确地要求他采纳见解 2。他的论证预设了“拥有一种经验的感觉”是
内省的对象——前提是依然在本书所主张的“宽泛的意义上”界定 167
“对象”。因此：

> 我们对意识的了解非常直接；因此，现象学描述相对容易。我们用“内省”指称一种直接把握意识之全部生动性的能力。正是因为拥有这种能力，我们得以将意识的概念归于我们自身，并能“直接访问”意识的各种特性。（McGinn，1991，8）

借助内省，我们得以（内省地）觉知“拥有一种有意识经验的感觉”——或者用麦金的话来说，我们得以直接把握意识的“全部生动性”。因此，“拥有一种经验的感觉”是内省的对象，是我们能以某种方式“直接访问”并获取的东西。再次强调，本书以一种最宽泛的方式界定“对象”，对内省对象的性质（事实上，也对“内省”本身的性质）不做任何预设。可见，麦金的“内省对象说”和前述“知识对象说”都属于同义反复——如果你能在内省中“拥有/经历一种经验的感觉”，这种感觉就是你内省的对象。

实际上，“内省对象说”和“知识对象说”都属于一种稀松平

常的见解，即“拥有一种经验的感觉”是觉知的对象（以本书的方式界定的“对象”）。之所以说“稀松平常”，是因为在关于主观性的文献资料中，这种见解的影响力太过广泛、生命力太过顽强。我们现在知道它属于同义反复，既然如此，它就不太可能出错，但它不够完整。事实上，它掩盖了一些关于意识的重要的事实——如果我们关注见解 3，就能体会到这一点。托马斯·内格尔（Thomas Nagel）的立场就隐含着见解 3，因此非常有指导意义。我们这就来看看他都向我们呈现了些什么。

内格尔在其影响深远的论文《作为一只蝙蝠是什么感觉》（*What Is It Like to Be a Bat?*）中指出：①“究其根本，只有‘作为一个有机体是什么感觉’这个问题有意义，也就是说，只有‘作为一个有机体’确实有‘某种感觉’（something that it is like）可言，该有机体才拥有有意识的心理状态”（Nagel，1974，166）。但是，②“假如我们要维护物理主义，就必然要以物理的方式解释经验的现象学特征本身”（ibid.，167）。可是，③“我们在考察经验的主观性时就会发现对经验现象的物理解释是不可能的，因为每一种主观现象本质上都与单一的视角相关联，而构建客观的物理学理论似乎必然意味着抛弃那个视角”（ibid.，167）。

168 对我们来说，内格尔的论证是否有效并不重要，重要的是他的论证体现了一种对主观性的特殊界定。内格尔从对客观性的一种普遍的理解出发，指出一个“典型的客观事实”是“可以从多个角度加以观察和理解”的（ibid.，172），也就是说，客观事实有多条访问路径。正是因为有多条访问路径，可为许多不同个体所用，特定事物才能成其为“客观的”。简而言之，对客观事物的（认识论）访问模式是“概化”的。基于这种对客观性的界定，内格尔以“访问路径”为标准界定了主观性。主观现象是这一类现象：我们对它的访问路径被减少到只有一条，简而言之，对主观事物的（认识论）访问模式是“特化”的。以这种方式理解主观现象，就是要将其视为现实的一部分，就像构成现实的其他部分那样。被称为“主观现象”的这一部分现实与其他部分的区别不在于其内部特性，只在于我们的访问模式：我们访问主观现象时的“进入端”异乎寻常地狭窄。经典客观现象就像位于大草原上，可以从许多不同的方向接近；有意识的现象则藏在幽深的山谷中，要想接近它，只能穿过一条狭窄的隧道。

我认为这种对意识的理解在某种程度上反映了一种影响深远的观念，即构成现实的一切本质上都是客观的。客观性是主要的，主观性则是客观性的掐头去尾的衍生物。要区分主观性与客观性，“访问路径”的概念是关键所在。因此，我们对特定事物的“特化”的（掐头去尾的）访问路径构成了该事物的主观性。只有我们的访问路径能以某种方式增加（得到合适的“概化”），该事物才能成其为客观事物。之所以说现实本质上是客观的，就是因为对其访问路径的“概化”原则上可以在不改变访问对象内在本质的条件下实现。

这种对主观性和客观性的区别很重要，我们会发现内格尔倾向于从以下观点：

每一种主观现象本质上都**与一个单一的视角相关联**。（ibid.，

167，加粗部分非原文）

自然过渡到以下观点：

> 因为若经验的事实——其“**对**‘经验着的有机体’**而言是什么**
> 169 **感觉**”——只能**从**一个单一的视角**来访问**，该有机体的物理运作要
> 如何解释上述经验的性质就不得而知了。（ibid.，172）

借由这种过渡，内格尔其实是将“主张1”（“一种主观现象本质上只与一个单一的视角相关联”）变成了“主张2”（“一种主观现象本质上只能从一个单一的视角来访问”）。这两种主张并非等价的，但我们很容易将它们混为一谈——此乃对经验的“经验性”（或“对象性”）界定使然。要理解这一点，我们先要了解另一种见解，它不是关于经验的“经验性”的，而是关于其“先验性”（transcendental）的。对“经验性”与“先验性”的区分可以追溯到康德：“经验项”（empirical items）之为意识对象，乃是因“先验项”（transcendental items）使然。换言之，康德认为“先验项”是“经验项”成其为可能的条件。

说经验兼具经验性和先验性的成分其实很好理解，但又很不好理解（当然这里面没有矛盾）。先说它好理解的部分：根据“经验性”（“对象性”）界定，经验及其特性是我们所觉知的，或至少是我们能够觉知的，只要我们拥有（经历了）这些经验及其特性。但经验不仅仅是觉知的对象，也是觉知活动本身。我得“向内”参与到觉知过程中去，才能让我的经验和“拥有经验的感觉”成为我的觉知对象。这种向内的参与就是我的觉知活动。人们日常谈论的“经

验”在很大程度上正是这个意思：如果我觉知到一种有意识的状态和/或它的性质，如疼痛或“疼痛的感觉”，那么我当时的有意识的经验不仅包括觉知到的疼痛，也包括对疼痛的觉知。

经验不仅包括经验项，还包括先验项的见解在某种意义上稀松平常。我们说的“经验”指的通常都不仅限于我们**所觉知**的（of which we are aware），还包括我们**赖以觉知**的（in virtue of which we are aware），不管我们觉知的是非心理性的对象及其性质，还是其他类型的经验。作为觉知活动，经验向主体揭示对象（客体）。因此经验不仅是经验性的事物，还是先验性的。先验性的意思是：经验并非主体觉知的对象（“所觉知的”），而是主体用于觉知对象的（“赖以觉知的”）。主体以经验觉知的对象既包括寻常的物理实体，也包括其他的经验——正是借由这种觉知，这些对象才被揭示为（向主体呈现为）主体所经验的对象。

但要深入理解经验的“先验性”，我们要超越这种寻常之见，窥
探其更难理解的一面。弗雷格对“涵义”（sense/sinn）的界定与探 170
究就是一个很好的出发点——尽管不容易看出来。

3　“涵义”的两种意义

我们要首先指出，接下来的讨论最好理解为对弗雷格语义学的一种建设性的歪曲。之所以说是歪曲，是因为它指向心理主义，似乎暗示弗雷格关注心理范畴，而事实并非如此：弗雷格是回避心理主义的。之所以说它是建设性的，是因为本章主要关注的显然是心

理范畴，特别是有意识的意向经验。我将指出，弗雷格对“涵义”的见解几乎正好对应于当下围绕意识的讨论，而且揭示了这些讨论在某种重要的意义上是不完善的。

许多评论文章都曾指出，弗雷格对“涵义”的解释存在明显的内部冲突：他一方面指出涵义或“思想”（gedanken）具有两种不同的特征或功能，一方面又声称涵义可以是心理活动的对象，正如物理实体可以是心理活动的对象（当然这两种情况不完全一样）（Harnish，2000）。物理实体可以被知觉，涵义或思想（即陈述句的涵义）可以被领会。此外，弗雷格指出，领会某种思想意味着“我们（思想者）的意识中必然要有什么指向该思想”（Frege，1918/1994，34－35）。因此，弗雷格的观点很容易被解读为：涵义是领会活动的意向对象。

但弗雷格同时指出，涵义还有确定指涉的功能。尽管涵义可以扮演指涉对象的角色，但这并非其唯一的，甚至是典型的角色。涵义的功能还在于引导言说者或聆听者的思想，令其指向涵义所“拣选”的对象，而非指向涵义本身。此时，涵义并非心理活动的意向对象，而是心理活动“**赖以**获取其对象**之物**”：它扮演的角色是指涉的决定因素——它确定了指涉，而不是指涉的对象。

这两种对涵义的理解显然不同，而且不仅是表述上的差异，更重要的是，当涵义扮演第一种角色（意向对象）时，它将无法扮演第二种角色（指涉决定因素），反之亦然。也就是说，同一涵义不可
171 “分饰二角”。这一点体现为涵义作为指涉决定因素时的某种不可消

除性。当涵义扮演第一种角色时，它是我们所领会的东西，是心理活动的意向对象。但涵义的第二种角色表明：不论何时，当心理活动有其意向对象时，对该意向对象的指涉必然是由某个涵义所确定的。假如我们将这两种表述结合起来，似乎就只能得出这样的结论：不论何时，只要有涵义（涵义 A）扮演了领会活动的意向对象，则必然有另一个涵义（涵义 B）使其得以扮演这个角色——如果涵义 B 也要成为某种心理活动的意向对象，就一定要有涵义 C……也就是说，作为指涉决定因素的涵义在任何意向活动中都是不可消除的。任何意向活动都必然包含一个涵义，其并非（也无法成为）该意向活动的对象。[1]

正是因为涵义有第二种角色，人们才说弗雷格界定的涵义是无法表述的——它是一种可以向我们呈现，但无法被言说的东西。达米特就首先表明了他的顾虑："即使弗雷格声称要给出一个单词或符号的涵义，他说出来的其实也只是它的指涉。"（Dummett，1973，227）有人就因为这种顾虑而质疑弗雷格，认为他缺乏一致性。以塞尔的类比（Searle，1958）为例，想象有一排直立的管子，分别对准地上的一些小洞（有时好几根管子会对准同一个洞），从管子顶端的开口放入小弹珠，它们会沿着管子落入下方的洞中，而且绝不会卡在管子里。塞尔相信涵义就是这样起作用的。果真如此的话，它们就不是我们所能理解的东西了。因此，作为指涉的决定因素，涵义不太可能成为我们领会的对象。

但这个结论下得太过轻率了。塞尔将涵义类比为指涉的通道或路径，这与弗雷格的观点相当契合：不同涵义可决定同一指涉，恰如条条大路通罗马。但塞尔的类比过于强调涵义与指涉的区别了。假如涵义是管子，我们可以想象有人能调整管子的排列，让它们对准地上的另外一些洞口。与其将涵义理解为指涉的路径，不如将其视为指涉对象的呈现方式（Dummett，1981）。如果某个表述的涵义是我们确定其指涉对象的方式，则若我们想要传达一个表述的涵义，只需要选择一种陈述指涉对象的方式，使其揭示我们希望传达的涵
172 义即可。因此，某个陈述的指涉对象是可以“言说”的，选择特定的言说方式则是对该陈述之涵义的“呈现”（Dummett，1973，227）。[2]

基于上面的讨论，我们可以提炼出以下三个要点，它们与本章的主题密切相关：

（1）弗雷格所说的涵义（语义）有两大功能：①作为心智活动（领会）的意向对象；②作为指涉的决定因素。

（2）作为指涉的决定因素，涵义在任何意向活动中都是不可消除的。

（3）弗雷格所说的涵义的两大功能并不缺乏一致性，只要我们接受：涵义是确定指涉对象的方式，因此只能呈现而不可言说。

这三点在我们对意识（也就是“拥有一种经验的感觉”）的界定中有着明确的对应。只不过关于意识的讨论几乎都指向弗雷格对涵义的第一种界定，即“涵义是领会活动的对象”。“拥有一种经验的感觉”被认为是我们在拥有该经验时觉知到的某种东西，是我们“经验性领会”的对象。但是，正如弗雷格界定的“涵义”不仅限于“领会对象”，“拥有一种经验的感觉”也不仅限于一种领会对

象。弗雷格的“涵义”确定了指涉，“拥有一种经验的感觉”在某种程度上也确定了经验活动的对象，并且该功能在任何同类活动中都不可消除。

换言之，弗雷格对语义两大功能的区分在结构上同构于前述对经验的“经验性”和“先验性”的界定。作为经验项，涵义是领会的对象，是我在理解一个术语或一个句子的涵义时所能把握的东西，是思想者的领会活动指向之物。作为先验项，涵义是指涉的决定因素，缺少了它，一个术语或一个句子就不可能是“关于”什么的。此时，涵义并非作为领会对象为思想者所把握，而是领会对象**所由把握之物**：思想者必须依靠涵义实现领会。

作为先验项的涵义在任何意向活动中都是不可消除的。不论何时何地，只要我们试图将涵义“转化为”[1]某个对象（使其成为经验项），就必然需要另一个涵义来实现这种转化。此外，要理解思维的
意向性，即思维对其思考对象的指向，我们也要求助于涵义扮演先 173
验项角色时的不可消除性。

经验的意向性通常被理解为经验对其意向对象的指向。果真如此的话，只考虑意向对象本身是不足以让我们理解对它们的意向指向的。我们需要搞清楚：是什么让它们对主体呈现为经验活动的意向对象？经验的“经验性”和“先验性”界定的区别反映了作为思

[1] 将涵义“转化为”某个对象，原文为 make sense into an object，make sense 亦表示“理解”。——译者注

维对象的涵义和作为思维指涉之决定因素的涵义间的区别。

这种辩证性并非弗雷格的思想所独有。20 世纪前半叶的哲学家们一直非常注重这种思维方式。奇怪的是，近年来人们似乎逐渐将它淡忘了。我们可以在胡塞尔和萨特的作品中找到关于意向指向性的思想的重要佐证。事实上，这种对意向指向性的见解在相当程度上影响了现象学传统的发展，许多尚不习惯以这种方式理解弗雷格的人对此会感到吃惊。我们这就来探讨相关细节。

4 胡塞尔论“构义涵义”“意向作用”和“意向对象”

我们已经知道，弗雷格对“涵义”的界定既有经验性的一面，又有先验性的一面。经验性的涵义指领会活动的意向对象；先验性的涵义指意向活动（领会活动，或更宽泛意义上的认知活动和经验活动）**赖以**指涉（即“关于”）特定对象**之物**。先验性的涵义在任何意向活动中都是不可消除的。也就是说，只要存在一个指涉对象，就存在一个（先验性的）涵义，作为“拣选”该指涉对象的方式，即便意向活动的指涉对象本身也是一个涵义：在这种情况下，就必然存在另一个涵义——它使作为指涉对象的涵义得以如此这般地呈现。作为指涉的先验决定因素，涵义无法从任何意向活动中被消除。

弗雷格声称：当我们领会一种“思想”——也就是一个陈述句的涵义——时，“（思想者）意识中必然有什么要指向这种思想”（Frege，1918/1994，34 –35）。因此作为被指向物，这种思想或涵义依然是领会活动的外部对象。弗雷格用一个类比来解释他的观点，该类比涉及以两种不同的方式理解何谓“在手中”：

“领会”的表述和“意识的内容”一样，都是隐喻性的……握在手中的东西当然可以说是手的“内容”，但它作为“内容”又和构成手的骨骼、肌肉，以及牵连骨骼与肌肉的筋腱大不相同：相比后者，它的外部性要强得多。(ibid.，35)

心智“把握”涵义或思想的方式，就像手握住一个物体——这是一种隐喻。心智“把握”的涵义或思想在心智“之中”，正如手握住的物体在手掌之中。这和说构成手掌的骨骼和肌肉“在手中”可不是一回事——它只适用于涵义作为“把握”或“领会”对象时的情形，也就是说，只适用于对涵义的经验性界定。另一方面，对涵义的先验性界定决定了一个对象将如何被“拣选”出来，并以特定方式（模态）呈现。因此，如果涵义既是经验性的，又是先验性的，而且主要是先验性的（似乎的确如此），那么涵义似乎就更像是构成手掌的骨骼和肌肉，而不是它握住的什么东西了。正是骨骼和肌肉让手掌有能力抓握：它们是手**赖以**抓握外物**之物**。同理，先验性的涵义正是心智活动**赖以**指向意向对象**之物**。

但这样一来，弗雷格就要解决一个问题：上述见解似乎威胁到了他的反心理主义立场。如果涵义之于心智恰如骨骼与肌肉之于手掌，它们似乎就是某种精神实体了，而这一结论与弗雷格的主张——涵义是抽象实体（属于“第三域”）而非心理实体（属于“第一域”）——相冲突。这种冲突在胡塞尔的作品中同样存在，他的思想在许多重要的方面都与弗雷格的见解相对应。

胡塞尔在《逻辑研究》（*Logical Investigations*）中强调了“构义涵义”（auffassungsinn）的核心地位（McIntyre，1987）。他将“构义涵义”界定为心理活动的“内容”：其并非心理活动的意向对象，借助心理活动加以领会，而是特定对象在心理活动中**所由**呈现**之物**。借用弗雷格的类比，胡塞尔的“构义涵义”更接近手掌的骨骼和肌
175 肉，而非握在掌中的物件——手掌正是依靠骨骼和肌肉实现抓握动作的。可见“构义涵义”就是先验性的涵义。

但是，承认“构义涵义”的存在，就将动摇胡塞尔的立场，正如承认先验性涵义将威胁到弗雷格的主张。与弗雷格一样，胡塞尔也是反对心理主义的。他们都坚持认为涵义应该是：①客观的，也就是说涵义独立于任意主体的心理活动而存在；②理念性的，意思是涵义并非占据空间与时间的实体。但这似乎就是对涵义的经验性界定，只要假设我们能够理解心理活动和这些客观的、理念性的对象间的认识论关系——也就是说，假设我们能够理解特定主体如何“把握”或领会一个抽象的、理念性的实体（尽管事实上我们未必能理解这些）（Harnish，2000）。对先验性涵义的非心理主义的理解多少有些不同。经验性的涵义是心理活动的外部对象，正如握在掌中的球是手掌的外部对象，但先验性的涵义对心理活动绝无这种外部性可言。可见“构义涵义”的问题是，如果涵义之于心理活动正如肌肉和骨骼之于手掌，则作为指涉的决定因素，它们必然与（心理）活动属于同一类事物，因此是主观的、历史的、具体的，而且必然占据空间与时间。

胡塞尔试图解决这个问题，他在《逻辑研究》（1900/1973）中

区分了心理活动的“真实内容”和“理念内容”。“真实内容”是与特定心理活动一一对应的，“理念内容”则可由不同活动所共有，不论这些活动是由一人还是多人实施。换言之，胡塞尔的“理念内容”属于一种“共相”（universal），由特定个体的心理活动实例化，但其独立于任意个体及其活动存在。在《纯粹现象学通论》，即《纯粹现象学和现象学哲学的观念》（*Ideas Pertaining to a Pure Phenomenology and to a Phenomenological Philosophy*）的第一卷（“《观念I》”）中，胡塞尔通过区分“能思”（noesis）和“所思”（noema）进一步发展了这种观点。

大体而言，文献资料对这种区分的解读有“东岸”和“西岸”两派。东岸派解读的代表人物是罗伯特·索科洛夫斯基（Robert Sokolowski）（1987）和约翰·德拉蒙德（John Drummond）（1990）。西岸派解读的代表人物则当推达芬恩·弗洛斯达尔（Dagfinn Follesdal）（1969）和罗纳德·麦金泰尔（Ronald McIntyre）（1987）。根据东岸派的解读，胡塞尔区分“能思”和“所思”正是为了说明
先验性涵义和经验性涵义间的不同。根据这种见解，“能思”对应于 176
先验性涵义或指涉的决定因素，“所思”对应于经验性涵义或指涉对象。换言之，胡塞尔之所以要区分“能思”和“所思”，是为了记录“涵义”概念中的系统性歧义，并对此进行适当的消歧。因此，这种解读无助于弥合先验性涵义（“能思”）与胡塞尔的反心理主义立场。

但另一方面，根据西岸派的解读，胡塞尔正是意识到了先验性涵义在其理论体系中可能造成的冲突，才要区分“能思”和“所思”。这一对概念的确与经验性涵义和先验性涵义密切相关，但它们

并不是简单的对应关系。西岸派指出对“能思”和“所思”的区分首先与胡塞尔对真实内容和理念内容的区分有关：“能思”和“所思”都属于对涵义的先验界定，也就是指涉决定因素而非指涉对象，但“所思”属于有特定理念内容的（某个）活动，而“能思”属于有特定真实内容的（某个）活动。换言之，“能思”和“所思”的区别对应于真实内容和理念内容的区别。胡塞尔之所以要区分这两个概念，首先是为了规避心理主义。

但即便采纳西岸派解读，也依然可以说区分“能思”和“所思”的动机首先源于经验性涵义和先验性涵义间的差别。我们可以认为胡塞尔是为了维护涵义的客观性，才区分“能思”和“所思”的，但对涵义既有经验性界定，又有先验性界定，这一事实恰恰威胁到了涵义的客观性。对涵义的先验的界定必然意味着涵义不仅是心理活动能够“把握”的外部对象，还与心理活动本身密切相关。胡塞尔的观点是：“所思”（而非“能思”）是一种理念性的、决定指涉的内容［在《观念 I》中，他将“所思”界定为一种理念性的“殊相”（particular）或“特殊属性”，而非在《逻辑研究》中界定的理念性的“共相”］，而“能思”则是该理念殊相的真实的、具体的心灵对应物。

因此就我们的目的而言，关于“能思”和“所思”的区分，到底采纳东岸派解读还是西岸派解读并不重要：二者都承认涵义兼有
177 先验性的一面和经验性的一面。重要的是，涵义可以被界定为先验性的指涉决定因素，而非指涉对象。这一点是明确的。不论以何种方式解读，胡塞尔都承认先验性涵义和经验性涵义的区别，因此为

现象学的发展做出了决定性的贡献。先验性的涵义使任何心理活动都得以拥有或选择一个意向对象，而它本身不同于该意向对象（虽说它也并非不能成为其他意向活动的对象）。对意向活动 A 来说，A 的（先验性）涵义并非 A 的主体觉知的对象，而是该主体“**赖以**觉知其觉知对象**之物**”——是它让主体拥有了觉知对象。如果 A 的涵义要成为觉知对象，就必然要有另一个涵义让它呈现为觉知对象。这并不是说任何经验活动对其主体而言都有一个内隐成分，除非将主体觉知对象以外的任何事物都界定为对该主体“内隐”。要认识到一个主体与其意向活动的先验性涵义的关系和该主体与其意向活动的经验性涵义的关系非常不同：后者是觉知的对象，前者则根本不是。较之主体与客体间的关联，主体与其意向活动的先验性涵义的关联要密切得多。我们在讨论萨特的思想时还要谈到这一点。

心理活动包含不可消除的成分，其并非意向对象，不可为主体所用。这一见解深刻地影响了现象学的发展，并将继续发挥其影响力。它可能会让一些人感到惊讶，因为他们对现象学只了解了一些皮毛，认为现象学就是一套准内省主义思想，用于描述经验如何向主体呈现、供主体省察。但现象学其实并不是这样的，也不会是这样的。胡塞尔意识到即便涵义确实可以是领会对象，它也不可能只扮演这一种角色：它还是让领会对象成其为领会对象之物。正是这一见解决定了现象学的发展方向。因此，虽说海德格尔大概不会中意“意向活动”和“涵义”之类的表述，但他也会认同现象学的核心任务就是**揭示**那些隐藏在我们与世界的互动中，但原则上能够被 178
揭示的事物。下一章将继续展现海德格尔在这方面的重要贡献。当前，我们且看看让-保罗·萨特如何在作品中呈现本质上相同的辩证思想。

5 萨特论“虚无”

虽说萨特一再试图撇清自己的思想和胡塞尔思想的关系，他的代表作《存在与虚无》（*Being and Nothingness*）却是对胡塞尔主张的重要发展。先验性的涵义有两个重要特征。首先，它是不可消除的：任何意向活动有其对象必然是某个涵义使然，如果这个涵义本身要成为觉知的对象，则必然是另一涵义使然。我们总要后退一步，设定一个涵义，使其本身并非觉知的对象。这一点蕴含了先验性涵义的第二个重要特征：若一个主体要觉知某个对象，则必然要有一个涵义，其并非该主体在其经验中可以觉知的对象。意识总有不可消除的一面，它并非主体觉知的对象，这正是萨特所说的“虚无”。胡塞尔主张任何意向活动之涵义都有不可还原的、超验性的一面，萨特的“虚无”只是用一种更加生动的方式在表述同样的见解。

萨特所说的“意识即虚无”等价于“意识没有内容”。这种主张有些耸人听闻，但萨特似乎认为它根本就是自明之理，因为意识具有意向性。他写道：

> 胡塞尔已表明意识必然是“关于某些事物”的，意思是意识必然预设了超验（transcendent）对象，如果你愿意的话，也可以说意识没有“内容”可言。(Sartre, 1943/1957, 11)

其实“意识没有内容”的主张在这里并不重要——尽管它已经足够令人惊讶——重要的是，萨特是从“意识必然具有意向性”这一前件直接得出上述结论的。根据萨特的见解，意识的对象不论是哪一类，都必然是超验性的，意思是它们并非意识的构成成分，而是位于意识之外：它们不是意识。萨特所说的“超验性”和我们前面提到的“先验性”非常不同：大略地说，“先验性”是使意识对 179
象呈现为意识对象之物（我们将在下一章进一步澄清这一说法）——是“先验项”使“经验项”成其为经验性的。但要说一个事物是“超验的”，萨特的意思只是该事物位于意识以外，而并非意识的构成成分。

萨特认为，意识是意向性的必然蕴含了意识的对象是超验性的。问题是他为什么这么想。对那些“俗世之物”，像桌子、椅子之类，说它们是超验性的，其实就是说外部世界具有客观现实性，这属于常识。[3]但萨特想要表达的不止于此：他的意思是意识的一切对象都是超验性的。

以心理意象为例。或许不少人都认为心理意象理所当然地属于意识的内容：我闭上眼睛，在“心目”中描绘出面前桌上的那个水杯。萨特认为既然这个意象是意识的对象，是我所觉知的，它就是超验的：它不可还原地外在于我的意识。维特根斯坦之后的观点（Wittgenstein，1953）呼应了萨特的这个主张：任何心理意象都只是一个符号——逻辑上可能意指任何事物，因此其本身没有任何意义可言。我“心目”中水杯的意象可能意指桌面上我常用来喝水的那个杯子，可能意指宽泛意义上的“水杯”，可能意指“杯子”这种东西，也可能意指摆放在我桌面上的物品……诸如此类。一个心理意象只有得到了诠释才有意义可言。与维特根斯坦的想法不同，萨特认为意识诠释了心理意象，将意义赋予了后者（或更准确地说，在给定情境下，意识是对心理意象的诠释，而非心理意象本身）。任何意象所含的意向性都是从意识的诠释中衍生出来的。因此，假如意识必然是“关于某些事物”的，心理意象就不会是意识的构成成分：其意向性只是衍生的。对一切意识对象而言都是如此。我们所觉知之物本身不是意向性的，因此它们不可能是意识的构成成分：思想、感受、心理意象、自我……这一切在萨特看来都是超验性的。

说《存在与虚无》整本书都在深挖这一主张的内涵亦不为过。举个例子，萨特对“焦虑”（anguish）的讨论非常有名，他将“焦虑”界定为对自由的意识，并在书中谈到了因面对过去而产生的焦虑：

180 赌徒就经常会因面对过去而倍感焦虑……他已自由自愿、诚心诚意地决心戒赌，但只要再次走进赌场，就会发现所有的决心都“融化”了……在那一刻，他将再度领会决定论之脆弱，领会将他与自己分隔开来的虚无。（Sartre，1943/1957，69）

萨特在这里所说的“虚无”就是意识，但这种意识只是对外物的指向而已。萨特继续写道：

我耐心地建起了壁垒和围墙，用决心的魔圈将自己保护起来，到头来却在焦虑中发现，阻止我继续参赌的只有虚无。焦虑正是**我**，

> 因为正是我在现实中作为存在的意识选择的立场，使自己**不是过去我所是的**“强大的决心”……简而言之，一旦我们同意意识中不含内容，就必须认识到动机只能被意识“到”，而不存在于意识“中”。(ibid.，70－71)

赌徒的决心作为赌徒所觉知之物，是超验性的对象，因此其本身没有意义可言。它只是一个符号：欲令其“关于”任何事物，并因此对赌徒未来的行为产生影响，就必须不断地以活跃的意识重新加以诠释。

我们可以将这种活跃的意识视为经验不可消除的意向内核。若将意向性视为对外部事物——或萨特所说的“超验性对象”——的指向，那么研究这些外部事物对理解意向性本身就毫无助益了。我们无法在超验性事物中找到意向性，萨特之所以说意识是一种“虚无”，也是为了表达这两层意思：①意识本质上是意向性的；②意向性不在超验性事物之中。当然，世间之“物”(furniture) 原则上俱可为意识所指向，世界本身便是超验性事物的集合。既然意识本质上是意向性的，它就不是惯常意义上的世间之“物”。意识就是虚无。

6 对不同主张的梳理

近年来大多数讨论“经验”的文献资料都明示或暗示地将经验及其特性预设为某种对象。也就是说，经验是我们所觉知的，或至少是能被我们所觉知的。用本书的术语来说，这些文献资料将经验设定为“经验项”。通过回顾20世纪几位哲学大家的主张，我们揭 181

示了经验必然还有全然不同于经验性的另一面。不论何时，只要我们对世界有意识——只要世界以一系列对象和特性的形式向我们呈现——我们的经验就一定有我们尚未觉知且觉知不到的一面（除非转而将意识指向它）。弗雷格将经验的这一面称为“涵义”，它可以扮演两种角色；胡塞尔界定了“构义涵义”，在晚期的作品中，他称其为经验性的“能思”（东岸派解读）或“所思”（西岸派解读）；对萨特来说，意识的这一面就是“虚无”：意识是对世界的纯粹指向。这些主张背后的基本思想是一致的。当我们拥有某种经验时，该经验必然有一面让我们得以觉知，其本身却并不是我们在拥有上述经验时能够觉知的。如果上述回顾足够令人信服，我们就必须承认意识不仅包含我们所觉知的——经验及相应特性。重要的是，它还包含我们觉知不到的：正是它让我们得以觉知我们经验的对象。意识不仅是经验的对象，还是让经验性对象成其为可能的条件（对此我将在下一章加以澄清）。

我们的回顾到此为止，本章剩余部分将专注于逻辑论证。我将提出一种观点，旨在推进前述主张——包括弗雷格、胡塞尔和萨特思想——系统化。我的观点兼容于他们的见解，但在逻辑上也有区别，因此其成立与否并不取决于前几节对弗雷格、胡塞尔和萨特的观点的诠释是否正确。

首先要强调，我的观点仅适用于那些既含意向又有意识的状态，也就是说，它显然适用于经验而非感觉（除非你采纳一种相对小众的观点，认为感觉也是意向性的）。我将提出以下两点主张：

（1）经验含有不可消除的意向内核，我们将在其中发现意向性的本质。

（2）意向性的本质在于某种展露性的或揭示性的活动。

下一章，我将指出这两点主张对任何“非笛卡尔心智科学”都意义重大。首先，它们将极大地推进我们对具身的、延展的认知过程之“所属”问题的理解；其次，也更重要的是，（兼容具身心智 182
与延展心智的）融合心智观的核心见解可自然而然地从这两点主张引申出来——如果这两点主张是正确的，融合心智观的正确性就显而易见了。本章剩余部分就将致力于为这两点主张的正确性辩护。

（1）意向性的结构

当然，我们尚不清楚是否一切“心理项”俱为意向性的。许多人相信感觉（如疼痛）就是反例：它是心理项，但并非意向性的，虽说关于这一点也有不少争议。我要提出的主张首先关乎意向性的实质，因此只适用于那些显然既含意向又有意识的状态，也就是经验。我们会在下一章将关注点转移到认知状态（放宽“有意识”这一条件），但当下的论证仍聚焦于知觉经验——主要是视觉经验。

最重要的是，关于意向性，我将援引一个人们已广泛认可的标准模型。根据该模型，意向性涉及三重结构，分别是活动、对象，以及对象的呈现模式。在现象学与分析哲学传统中，该“意向性标准模型”都得到了普遍承认，当然也并非全无异议，主要的质疑来自克里普克（Kripke，1980）。不过我接下来的论证无须否认，也不会否认某些形式的意向性确有可能与上述标准模型不符。我的预设是：确有某些意向指向符合该标准模型，我的论证也只适用于它们。令人欣慰的是，知觉经验位列其中——至少这一点没什么争议。[4]

比如，不少人都相信知觉经验的内容无须包含特定对象（Martin，2002）。假设你拥有一个鲜亮西红柿的视觉经验，说知觉经验的内容无须包含特定对象，意思就是若将你眼前的西红柿替换为
183 一模一样的复制品，将不会改变经验的内容。有人就此指出，知觉经验的内容与指示性的命题态度的内容不同，因为替换知觉对象无疑会让后者发生改变。意向性的三重结构就能很好地解释知觉经验何以无须包含特定对象，因为它将知觉经验的内容与对象的呈现模式挂钩了——原则上，以复制品替换知觉对象可以不改变对象的呈现模式。但要用克里普克的模型来解释这一点就困难多了。

因此，我将预设意向性的标准模型至少能很好地解释某些有意识状态（特别是知觉经验）的意向指向：至少对这些有意识状态而言，意向指向具有活动、对象和对象的呈现模式“三重结构”。本章逻辑论证的关键在于如何理解“呈现模式”：这个看似意义明确的概念其实掩盖了一种系统性的混淆（正如弗雷格的“涵义”有两层含义）。

（2）呈现模式与不可消除的意向内核

根据意向性标准模型，呈现模式将意向活动和意向对象关联起来。我们可以援引卡普兰的说法（Kaplan，1980）：意向活动既有“特征”（character），又有“内容”（content）。后者可视为某种描述，意向活动的对象是符合这种描述的对象，对象的呈现模式则是

以特定方式描述内容。

但一个意向对象之所以“符合特定描述”，是因为（确定意向活动之内容的）描述会将意向对象的特定“方面”（aspects）挑选出来。这些“方面”并非该对象的客观特性。意向对象的各个“方面”是觉知的对象，是意向的而非客观的，是对象向主体呈现或显示的方式。这些“方面”也许有其对应的客观特性，也许没有：一个对象就算不是圆的，也可能向主体呈现或显示为“圆的”。任何对象要有特定“方面”的必要条件都是主体的意向活动。当然，我们要拒绝那种反实在论的立场，即认为世间万物的一切特性都取决于意向活动。意向活动并非对象有其（客观）特性的必要条件。“方面”和“特性”是两种不同的东西。

既然对象的特定“方面”决定了它是否满足（确定意向活动之 184
内容的）描述，而对象的呈现模式又是以特定方式描述内容，这就让我们难以忽视二者间的关联性。我们会将对象的呈现模式与其“方面”等同起来。但这种做法是有问题的：它可能是对的，也可能是错的，这取决于我们如何理解“呈现模式”的概念——也揭示了这个概念可能造成的混淆。

“方面”是觉知的对象，是意向性的。我不仅能关注一个西红柿，还能关注它的大小、色泽和口感。事实上，我通常都是借由关注一个西红柿的这些“方面”来关注它的。因此，如果我们将特定对象的呈现模式等同于其“方面”并坚持意向性的标准模型，亦即对特定对象的觉知只取决于其呈现模式，结论就是：每当特定对象的某个“方面”或某种呈现模式确定了我们对该对象的觉知，则必然存在另一种呈现模式确定了对觉知对象的指涉。对意向对象的指向必然是由某种呈现模式介导的。因此，如果特定对象的某些“方面”成了经验的对象，则必然存在一个呈现模式，是主体的意向活动**赖以**指向这些“方面”的。

简而言之，意向对象必然有其呈现模式。若意向对象的某些“方面”本身就是意向对象，则其作为意向对象也必然有其呈现模式。因此，若特定对象的呈现模式就是其“方面”，则任何以这些“方面”为意向对象的经验都必然包含另一种呈现模式，后者在该经验中不作为意向对象存在。如果我们要将这后一种呈现模式转化为觉知对象（转化为经验的一个“方面”并加以觉知），就必须更进一步——依赖另一种呈现模式。

这反映了一种不可消除性，而非一种无穷回归。并不是说任何经验都必然包含无穷多种呈现模式，只要我们不去做无穷回溯，而是停在某一步，将某种呈现模式作为觉知的对象，回归就会终止。举个例子，如果我们将一个西红柿的某种呈现模式等同于其特定“方面”（比如，“它又红又亮”），将这个“方面”作为经验的意向对象，则根据意向性的传统模型，我们就必然要依赖另一种呈现模式了。但是，只要我不去做进一步回溯，就无须追究是什么确定了
185 我对西红柿这个“方面”（又红又亮）的指涉了。因此，任何经验都必然存在一种并非意向对象的呈现模式：它并非我们所觉知的，并非意向对象的某个“方面”，而是我们**赖以**觉知经验的意向对象**之物**，是经验的意向对象**所由**觉知**之物**。

换言之，对“呈现模式”的概念既可作经验性的诠释，又可作先验性的理解。如前文所述，当一个事物可以扮演意向对象的角色时，它就是经验性的——不论它确实是意识的对象，还是仅仅作为意识可能的对象，它都是经验性的：只要我们以恰当的方式觉知，就能觉知到它。在这个意义上，对象的各个“方面”都是“经验项”。相比之下，“先验项”并非意向对象，也不可能成为意向对象——至少不能既是“先验项”又是意向对象，因为是它让对象的特定“方面”得以呈现或显现的。也就是说，作为先验项的呈现模式是让意向对象成其为意向对象的条件。经验性的呈现模式等价于对象的某个“方面”，先验性的呈现模式让经验性的呈现模式成其为可能——先验之所谓“先验”，其要义正在于此。

如果将意向对象的呈现模式与其“方面”等同起来的做法是合适的（对呈现模式的这种理解很常见），则根据意向性的标准模型就必然能得到以下结论：任何经验都既有经验性的呈现模式，又有先验性的呈现模式。先验性的呈现模式对应于弗雷格对“涵义”的第一种界定：作为指涉的决定因素，而非领会活动的对象。正是在这种先验性的呈现模式中，我们发现了经验不可消除的意向内核。如果意向是对特定对象的指向，则这种“指向”必然存在于对象的先验的呈现模式之中。经验性的呈现模式——“方面”——只是意识指向之物，它们本身不构成对意识对象的指向。正因如此，萨特才声称“意识就是虚无”。意识没有内容，因为意识是意向性的，而它的内容（我们权且将主体觉知之物理解为意识的“内容”）则不是。

归根结底，任何意向对象——世俗之物、“方面”、经验性的呈现模
186 式——都是为意识或意向活动所指向的。因此，如果我们想要理解意向指向，就不能只关注这些东西：盯着意向指向的对象是找不着意向指向本身的。

相比之下，意向对象的呈现模式只要是先验性的，就不是经验的对象，也不可能是经验的对象：它们让世间之物（的各个“方面”）得以向主体呈现，是主体的意向状态**赖以**指向世界**之物**。如果我们将意向性理解为意识对经验对象的指向，这种指向性就构成了经验不可消除的意向内核。这一结论对我们维护具身认知观与延展认知观非常重要：对世界的意向指向寓于某种展露性或揭示性活动之中。

（3）作为揭示性活动的意向性

假设我的视觉经验关乎（as of）一个又红又亮的西红柿，“又红又亮”就是这个果实对我的经验性呈现模式。而上述视觉经验的先验性呈现模式则是这个果实**所由**对我呈现为“又红又亮”**之物**。不论对我呈现之物是什么，这种描述都适用——之所以说“关乎”，理由就在于此。至于“对我呈现之物”，历史上大概有两种理解：一是“物自体”（thing-in-itself），二是一种结构化的呈现序列。就我们的目的而言，实在没必要为此多费思量。我们只需假设确有什么对我呈现——不论它是“物自体”，还是什么结构序列。即便我眼前其实并没有一个西红柿（假设我产生了错觉），这个世界上也一定有什么东西对我呈现为“又红又亮”，让我误以为自己在看着一个西红柿。

即便更进一步，假设我产生了幻觉，其实根本没有什么东西能对我呈现为“又红又亮”，这个世界上也一定有一块区域对我呈现为“又红又亮”——没有这样一块位置确定的区域，我就不可能产生视觉性的幻觉。[5]

这两种情况都是经验的先验性呈现模式让外部世界——不论是一个对象还是一块区域——以特定形式（“又红又亮”）向我呈现的。该经验的先验性呈现模式正是西红柿（外部世界的相应部分）**所由**向我展露为“又红又亮”**之物**。因此，意向经验的不可消除的内核就是对世界的展露或揭示。说意向活动是对特定对象的指向，187
其实就是说意向活动揭示了对象的特定“方面”，令其作为经验性呈现模式向我们展露出来。

7　总结

任何知觉经验都有一个不可消除的意向内核，我们所说的意向性或经验的指向性正位于这个内核之中。这个内核就是特定经验的先验性呈现模式，是特定对象的特定“方面”或经验性呈现模式**所由**呈现**之物**。借助这种呈现，先验性呈现模式构成了对意向对象的展露或揭示——其展露或揭示了对象的特定“方面”或经验性呈现模式。由此可知，知觉意向性的本质就是这种展露或揭示性活动。

在本书剩余部分，我将指出一旦采纳了对意向性的这种理解，就将自然推出（集具身心智观与延展心智观于一身的）融合心智观。意向性即揭示性活动，但揭示性活动不需要预设某个位置——大脑中的过程可以构成揭示性活动，身体性的过程也行，我们的所作所为（我们的日常活动）自然也一样。我们的揭示性活动通常（并非总是，并非必然，但通常如此）都延展到大脑乃至身体以外，直达我们在现实中的所作所为。我相信这就是对融合心智观的最终证明，也为我们的“新科学”奠定了坚实的基础。

第8章

融合心智

189

1 从知觉到认知

我们在上一章提出的主张可概括如下：

（1）任何经验，任何意向地指向某个对象的有意识的状态都必然拥有一个“不可消除的意向内核”，经验的意向指向性就存在于这个内核之中。

（2）这个内核就是经验的先验性呈现模式。经验的先验性呈现模式并非经验主体在拥有经验时能够觉知的东西：如果是，就意味着主体是凭借另一种先验性呈现模式来觉知它的。作为经验性呈现模式的决定因素，先验性呈现模式是任何经验不可消除的成分。

（3）经验的先验性呈现模式是经验对象的特定“方面”或经验性呈现模式**所由**呈现**之物**。

（4）经验的不可消除的先验内核就是某种展露性或揭示性活动。

（5）意向性（对世界的意向指向）的本质就是展露性或揭示性活动。

我将在这最后一章指出，对意向性的这种界定将最终证明融合心智观——事实上，一旦接受了对意向性的这种理解，融合心智观就不言自明了。如果上一章的论证是正确的，对意向性的这种界定显然就适用于经验——有意识、有意向的状态。但融合心智观（包 190
括具身心智观与延展心智观）主要是用来解释认知（而非经验）的。因此，本章首先要证明：我们对意向性的界定不仅适用于经验，也适用于认知。

我们的大方向是很明确的。假设我在思索一个对象，如一个西红柿。我在思索一个关于该对象的事实：它又红又亮，漂亮得不同寻常。西红柿的这些“方面”（“又红又亮”）当然就是我思维的对象了，我是通过思索西红柿的这些“方面”思索关于西红柿的事实的。因此用上一章的术语来讲，“又红又亮”就是西红柿的经验性呈现模式。但根据意向性的标准模型，对一个对象的意向指向必然要由某种呈现模式所介导。如果某个对象的经验性呈现模式是一种意向状态的对象（在眼下这个例子里，该意向状态就是我的思维），就表明我的思维必然包含另一种呈现模式，并且与该对象的经验性呈现模式不同，让这个西红柿的特定“方面”或经验性呈现模式（“又红又亮”）向我呈现出来。这后一种呈现模式就是我对这个西红柿的思维的先验性呈现模式。正如经验的先验性呈现模式是经验对象的特定“方面”（“又红又亮”）或经验性呈现模式得以（在我的视觉经验中）呈现的条件，思维的先验性呈现模式就是思维对象的特定“方面”（依然是“又红又亮”）得以（在我的思维中）呈现的条件。根据意向性的标准模型，对意向对象的指向依赖该对象的某种呈现模式，因此我的思维必然包含不可消除的先验性呈现模式：假如该呈现模式本身要成为我的思维对象，那就必然要依靠另一种呈现模式。思维的不可消除的先验内核正是思维**赖以**展露或揭示特定对象的特定“方面”或经验性呈现模式**之物**。因此，思维的先验内核也是某种展露性或揭示性活动。正是在这个揭示性活动的内核之中，我们发现了思维的意向性。西红柿的各种经验性呈现模式都是意向指向的对象，因此假如我们想要寻找意向指向本身，就不能只瞄着它们。意向指向本身就是一种展露性或揭示性活动，从而使
191 意向指向的对象（西红柿）以另一种对象（“又红又亮”的经验性呈现模式）的形式向我们呈现出来。

简而言之，认知和知觉都属于揭示性活动，揭示了意向对象的经验性呈现模式。意向对象及其经验性呈现模式都属于意向指向的对象，正是知觉或认知的意向性揭示了一种（绝对意义上的）意向对象可以拥有或呈现为另一种意向对象（意向对象的某个“方面”或某种经验性呈现模式）。因此，知觉和认知的意向指向都是不可消除的揭示性活动，是此类“揭示”**所由**实现**之物**。

因此，展露性或揭示性活动是意向性的核心这一观点既适用于知觉，又适用于认知。正因如此，我们才有可能对认知应用上一章得出的结论。这意味着我们完成了本章的第一个任务。接下来，我们就将着手为展露性或揭示性活动的概念消歧。

2　因果性的揭示与构成性的揭示

为消除歧义，区分因果性的揭示与构成性的揭示很重要。本质上，这种区分反映了载具与内容间的区别。知觉活动与认知活动都有内容（虽说它们也许并非同一类）。知觉活动与认知活动的内容揭示了对象，使其具有某种经验性呈现模式。也就是说，内容会影响揭示对象的方式。但无论何时，只要有内容，就会有内容的载具。载具也会影响揭示对象的方式，但请注意，内容揭示对象的方式与内容的载具揭示对象的方式是不同的。内容是通过提供使对象具有某种经验性呈现模式的**逻辑**充分条件来揭示对象的，内容的载具则只是通过提供使对象具有某种经验性呈现模式的**因果**充分条件来揭示对象的。

这种观点听着陌生，其实不然。我们先来关注经验。对经验而言，内容与载具间的区别通常表现为经验与其物质实现间的区别。因此，我们可以换种说法来表述前面的观点：经验揭示其对象的方式与经验的物质实现揭示该对象的方式是不同的。请注意，我们没 192
有预设什么经验的二元论，只是在用一种大家可能还不太熟悉的方式陈述一种毫不新鲜的见解：意识经验与其物质基础间有一道解释鸿沟。

回到先前的假设：我的视觉经验关乎一个又红又亮的西红柿。大体而言，这个果实对我呈现为“又红又亮”是“看见这个西红柿是什么感觉”使然。关于这个西红柿的视觉经验的内容（也就是

“拥有这种经验的感觉”）就是关于这个果实的视觉经验的先验性呈现模式。因此，我所经验的这个西红柿的先验性呈现模式就是看见这个果实的“感觉”：西红柿正是“凭借”这种“感觉”向经验主体（我）呈现为“又红又亮”的。[1]“凭借”在这里意味着某种逻辑充分条件：“看见这个西红柿的感觉”的具体现象细节是这个果实向我呈现为“又红又亮”的逻辑充分条件。如果一个主体拥有某种经验及必要的“感觉”（what-it-is-like-ness），一个果实（或一块区域）在逻辑上就不可能无法对其呈现为“又红又亮”了。如果我的视觉经验是一种错觉，那就一定有别的什么对象（尽管它可能不是一个西红柿）对我呈现为“又红又亮”。不过在这种情况下，说视觉经验的内容提供了使这“别的什么对象”对我呈现为“又红又亮”的逻辑充分条件仍然没错。如果我的视觉经验根本就是一种幻觉，依然可以说世界的某个区域对我呈现为“又红又亮”——就像一个西红柿那样。我的幻觉的内容同样是该区域以这种方式向我呈现的逻辑充分条件。

“拥有一种经验的感觉”是先验性的，而不是我们在拥有这种经验时能够觉知到的东西——尽管在合适的情境下，我们也能觉知到它的经验对应物。说到底，这种“感觉”是世界的某个“方面”或经验性呈现模式**所由**向我们呈现**之物**——我们是“凭借”这种“感觉”揭示经验对象的，这种“感觉”提供了世界以特定方式向我们呈现的逻辑充分条件。它是否同样提供了一种逻辑必要条件是一个很有趣的问题，但我们无须在此加以探讨。[2]

我们现在将关注点从视觉经验（一个又红又亮的西红柿）转到

经验的物质实现，也就是载具上去。“物质实现”指的是经验的 193
“随附”（supervenience）或曰实现基础。“随附”的概念就是它惯常的意思：它与模态状态（modal status）间是一种单向的决定关系。经验的物质实现也能展露或揭示世界，但它是以一种不同的方式做到这一点的：经验的物质实现的揭示性活动与经验本身的揭示性活动有非常不同的性质——归根结底，这就是意识经验与其物质实现间存在解释鸿沟的原因。

举个例子，一个西红柿投在我视网膜上的影像是借助一套机制逐步转化为一个西红柿的视觉表征的。我们可以用经典的内部主义模型——马尔的视觉理论（Marr，1982）——描述这个过程：从网膜视像转化为三维对象表征的过程经历了不完全的初始简图、完全的初始简图和 2.5 维简图等多个步骤。如果马尔的解释是正确的，确定这些转化的实现机制，就是要确定（因果性地）产生我对西红柿及其特定“方面”的视觉经验的机制。

这些转化共同产生了我对西红柿的视觉经验，构成了一种揭示性的活动。对西红柿的先验性呈现模式也构成了揭示性活动，但这两种揭示性活动是不同的——后一种是在内容水平上的。马尔的理论，或任何类似的理论中都不存在将对象揭示为（比如）“又红又亮”的逻辑充分条件。这种揭示无疑有其物理充分条件——也许是发生在身体内外部的特定生理心理事件，但物理充分条件毕竟不构成逻辑充分条件。如果一个西红柿在两个主体的视网膜上的投影完全一样，后续的（马尔式的）内部加工过程也完全相同，到头来他们却拥有了完全不同的视觉经验，一个认为西红柿“又红又亮”，一个认为西红柿“又绿又蔫”（甚至可能完全没有形成一个西红柿的视觉经验），其实也不构成逻辑矛盾。[3]你也许认为这在生理上绝无可能，但它没有逻辑矛盾，因此在逻辑上当然是可能的。事实上，揭示性活动不同就会产生这种看似难以逾越的解释鸿沟。

物理充分条件与逻辑充分条件间的区别，其实就是给定项的“产生”与“构成”间的区别。在经验的内容水平上，构成经验对象之经
194 验性呈现的是经验对象的先验性呈现。因此，并非我的视觉经验的（先验的）现象特征——看见一个又红又亮的西红柿的感觉——因果性地将西红柿揭示为“又红又亮”。相反，这种“感觉”构成了这个西红柿“又红又亮”的呈现模式。可以说我们正是“凭借”这种“感觉”将西红柿揭示为“又红又亮”的，这种“感觉”是西红柿**所由**呈现为“又红又亮”**之物**。但“凭借”或“所由……之物”的表述都可能产生歧义，除非我们始终明确它们表达的是一种构成性的联系，而非因果性的联系。

为将这一见解应用于宽泛意义上的认知，我们有必要将载具与内容的区别明确地表述出来。视觉经验拥有现象内容，内容提供了使经验的意向对象以某种经验性呈现模式向主体呈现的逻辑充分条件，以此揭示经验对象。而内容的载具只提供了使意向对象以某种经验性呈现模式向主体呈现的因果充分条件。

认知状态——思维、信念、技艺等——也有内容，它们的内容是语义内容。关于现象内容和语义内容的关系，近年来众说纷纭。现象内容都能被还原为语义内容吗？还是它本身自成一格？我们无

须纠结这些问题，只需要指出语义内容不管与现象内容有何种关联，都会以一种不同于其载具的方式揭示认知对象就够了。语义内容提供了使对象以某种经验性呈现模式向主体呈现的逻辑充分条件，语义内容的载具则只提供了因果充分条件。因此如果我有一个想法，其内容是“那西红柿真是又红又亮”，该语义内容就是那个西红柿（在我的思想中）呈现为“又红又亮”的逻辑充分条件。既然我的思想有这样的内容，西红柿在我的思想中就必然会呈现为这个样子（“又红又亮”），否则在逻辑上就不可能。但是，不论我们在大脑中识别出了什么样的因果机制——不论这些机制是神经性的还是（更加抽象的）功能性的——它们都只能提供西红柿（在我的思想中）呈现为“又红又亮”的因果充分条件。当然，如果这些神经性或功能性机制确以合适的方式得到了实现，我必然会认为西红柿“真是又红又亮”，但这种自然意义上的必然并不意味着逻辑上的必然：即便相应的机制都以合适的方式得到了实现，我却可能仍然不觉得西红柿“真是又红又亮”，甚至可能根本就没在想西红柿，这种设定也 195
没有逻辑上的矛盾可言。我的思想的语义内容构成性地将西红柿揭示为“又红又亮”，相应的神经/功能机制则只是对西红柿这一“方面”的因果性的揭示。

因此，我们要特别注意因果性揭示与构成性揭示的区别，也就是揭示的因果充分条件和逻辑充分条件间的区别。这种区别并非无足轻重，在某些情境下它事关重大。比如，我们尚不清楚对世界的构成性揭示发生在何处。事实上，我曾提出过一种见解，那就是：说“构成性揭示”发生在何处完全没有意义（Rowlands，2001，

2002，2003）。如果真是这样，我们就要认识到意识有一个真实的“方面”，但却没法说它“在哪里”：它是真实存在的，但没有一个空间意义上的边界。我承认这种说法还颇有争议，幸好就本书的目的而言，我们不需要纠结这一点。

我们已经知道，（囊括具身心智观与延展心智观的）融合心智观是关于认知的载具而非内容的主张。根据融合心智观，认知的载具包括一系列过程，包括对身体结构和/或环境结构的操纵和利用。如果我们想从揭示性活动的角度理解融合心智观，就要首先明确这种主张关注的是作为认知状态之载具（而非内容）的揭示性活动。也就是说，融合心智观探讨的是因果性揭示，而非构成性揭示。接下来我将专注于因果性揭示。

因果性揭示是构成现实世界的一部分。比如在马尔的视觉理论中，因果性揭示就是一系列机制与过程，也就是从网膜视像到三维对象表征的整个转化过程。如果我们能将这种算法式的表述转化为具体的实施步骤，就显然能确定这种因果性揭示发生在何处了。

我将在本章剩余篇幅中提出：我们有理由相信对世界的因果性揭示通常都并非仅仅发生在主体的颅内（抱歉了，马尔）。意向性的本质是揭示性活动，由意向状态或过程的载具实现的揭示性活动是
196 因果性的揭示性活动，这些载具符合具身心智观与延展心智观。因果性揭示可以由意向状态的主体颅内的（神经）状态与过程实现，但通常不会仅限于此。对世界的因果性揭示有许多种方式，由许多种载具实现，神经性的状态与过程只是其中的一个子集。因果性揭

示的载具通常都要延展到大脑的边界以外：既包括内部神经过程，也包括我们对世界实施的行动——这些行动是具身的，也包括其他的环境性因素。接下来我们就进一步深入讨论这些观点。

3　作为“穿越”的意向性

我们已经知道，不可消除的意向内核构成了对世界的展露或揭示。因此说意向活动指向特定对象，就是说它们展露或揭示了对象的特定“方面”或经验性呈现模式。我们可以区分展露或揭示的两种形式：因果性的和构成性的。本书关注的只有因果性揭示。但不论我们关注的是哪种揭示，对意向指向的这种理解都能引出一个重要的，但经常被人忽视的结论：意向活动作为一种指向，也必然意味着对其物质实现的“穿越”（traveling-through）。

对上述见解最经典的论证来自梅洛 - 庞蒂（Merleau-Ponty, 1962, 143ff.），他探讨了盲杖如何发挥知觉作用。事实上，这个例子早已人尽皆知，甚至显得有些老生常谈了（Polanyi，1962，71）。梅洛 - 庞蒂指出，对盲杖的作用可以有两种理解：一是将其视为一个经验对象，盲人可对其实施理论省察或加以解释。这种理解比较常见：盲人手掌内部的触觉和动觉感受器会向大脑发送讯息，在感觉皮质诱发各种事件，对应周遭物体与盲人的各种位置关系。这种理解本身没什么问题，只要我们能准确地识别上述对应关系。但它只是以观察者的角度（从外部）描述盲人的意识，将其作为一种经验性现象。我们还能取盲人自身的角度，在先验的意义上（从内部）

理解其意识，得出的结论会很不一样。盲杖——当然是在与必要的神经生理机制结合的前提下——对盲人展露或揭示了周遭物体（对象）的特定“方面”或经验性呈现模式，包括它们“在前头”“在
197 左边”“在右边”“距离很近”“距离很远”等。

梅洛-庞蒂强调的是知觉外部世界的现象学，这非常正确。在盲人“看来”，对周遭对象特定“方面”的知觉经验并不是发生在盲杖中的，虽说盲杖确实是他知觉这些“方面”的（部分）物质基础。他更不会认为这些知觉经验发生在自己握着盲杖的手指头里，或整合这些经验性输入的感觉皮质之中。盲杖既可以是觉知的对象，又可以是觉知的载具。但在盲人使用盲杖的时候，它扮演的角色是觉知的载具，而不是对象：它不是盲人觉知到的东西，是盲人**赖以**觉知**之物**。用现象学术语来说，盲人的意识会“穿越”盲杖，直抵世界本身。

说到底，萨特也持同样的见解。他在《存在与虚无》的第三卷中有一段著名的论述：

书写时，我领会到是钢笔——而不是手——在书写。这意味着我使用钢笔写字，而不是使用手来握笔。较之我与钢笔的关系，我对手没有那种“使用的态度”：我就是我的手。（Sartre，1943/1957，426）

同理：

决斗时我会盯着剑尖，追踪它在空中晃动的轨迹；书写时我会

盯着笔尖，跟随它在纸上留下的痕迹。但我的手消失了，消失在这个复杂的工具系统之中，使这个系统得以存在。留下的只有系统的意义和指向。(ibid.)

我们可以合理地怀疑萨特的决斗技巧，他在这方面显然没什么经验（假如他只盯着自己手中那把武器的尖端，那么决斗的结果大概好不到哪里去）。不过，他的现象学描述的大方向还是对的：当我用手决斗或书写时，我的意识就将在现象学意义上“穿越”我的手，直抵它使用的工具（当然，意识通常也不会止步于工具，正如在梅洛－庞蒂笔下盲人的意识不会止步于盲杖一样）。

我认为梅洛－庞蒂和萨特的主张作为对“消失”的应对经验的
现象学描述没什么毛病。但是，经验的现象学是一回事，意向指向 198
的底层结构则是另一回事。我主要关注后者。因为在我看来，任何现象学主张都必然以有关意向指向底层结构的相应见解为基础：现象学主张的正确性只能从意向指向的底层结构的正确性衍生而来。

我们已经知道，意向指向本质上就是一种展露或揭示。意向活动之所以是指向世界的，就是因为它们是展露性或揭示性活动。但盲人的揭示性活动发生在哪里？比如，他将一块石头揭示为“在前面”的时候，这个揭示性活动发生在哪儿？显然有部分发生在盲人颅内，但也有部分是身体性的，重要的是，还有部分发生在盲杖及盲杖与世界的互动中。就其本质而言，揭示性活动是不能与世界剥离的：它会“穿越”其物质实现，直抵世界本身。

以此观之，盲杖扮演的角色到头来并非揭示的对象，而是揭示的载具。盲人通常不会将石头经验为“在盲杖末端”，也不会将障碍物经验为“对盲杖的障碍”。但一个很少被提及的问题是：为什么他的现象学经验就应该是这样的？为什么在他“看来”，关于对象特定“方面”的经验不是发生在盲杖中或自己握着盲杖的手指头里？意向指向的底层结构决定了关于现象经验的这些事实。在现象学意义上，盲人的经验是不能与世界剥离的，因为：①经验是对世界的意向指向；②意向指向是展露性或揭示性活动；③揭示性活动本身就不能与世界剥离。因此当有什么触碰到盲杖的末端，对盲杖施加了阻力，盲人就将据此经验到这个对象的现实世界中的空间位置——他甚至都不会再觉知到盲杖。作为揭示性活动，经验“穿越”了盲杖，直抵对象本身。正因如此，盲人的经验才成其为对意向对象特定“方面”的揭示。

“穿越”这个概念很容易和“通过”（living through）混淆。比如，很多人在谈论意识的时候都会说，意识是“通过”大脑产生的。这种看法其实是在强调一种单向的依赖关系，可以用“随附”或“实现”的概念来描述这种关系。说意识是“通过”大脑产生的，
199 就是说大脑是意识的原因——没有必要的神经活动，就不会产生意识。在这个意义上，我们可以说盲人的知觉意识是“通过”盲杖产生的，盲杖使盲人对世界的知觉得以实现。但这种说法和“盲人的知觉经验会‘穿越’盲杖”可不是一回事。

读书时，我们直接觉知的对象是书页上的文字，但假设你读一本小说入了神，你的意识就会“越过”这些文字，直抵人物和情节。说意识会“穿越”其物质实现的意思就类似于此。但这个类比可能

让我们觉得“穿越”完全是关于现象学的。在现象学意义上，我们可以说盲人“经验其周围之物的感觉”是它们位于现实中的某个空间位置，而不是如何由盲杖介导。也就是说，盲人的意识会穿越盲杖直抵现实世界。同样，我在读小说时意识不会止步于文字，而是越过书页上的这些符号直抵（由这些符号描绘的）人物和故事情节。

但是，“穿越”的概念说到底不是关于经验的现象学，而是关于意向指向的本质。意向指向的本质是揭示性活动，经验的现象学就植根于这种揭示。探索就是理解揭示性活动的有用的模板，是揭示性活动的典型。假设我在探索一块陌生的地域，我走过开阔地，穿过那片遮挡视线的丛林，以这种方式揭示了丛林后的山川形胜。这就是一种揭示性活动。它部分地发生在我的大脑之中：如果我的脑子里全是糨糊，无论何种探索都不可能为我“揭示”什么。但它也部分地发生在我的身体之中：如果没有一具能动的身体，我就不可能走过开阔地，穿过丛林。当然，它还发生在我**在**现实世界（以及**对**现实世界）的所作所为之中。如果没有那些远距离探索手段（比如，望远镜或卫星遥感技术），探索一块未知地域势必需要我置身其中：我的探索不可能脱离那块地域本身。当然，这并不意味着我在陌生地域的一切活动都等价于我的意向指向：一切意向指向都是揭示性活动，但并非一切揭示性活动都是意向指向。我们要强调的是，揭示 200
性活动通常分布在大脑、身体和现实世界之中。就其实质而言，对一特定地域的展露或揭示不可能从那块地域本身剥离——根据定义，脱离了现实世界，展露或揭示就不可能成功（甚或根本就不会有揭示性活动可言）。在这个意义上，揭示性活动本质上是一种“在世”（worldly）的活动。

4 海德格尔和“去远”

“在世”的概念不太好理解，但若比照海德格尔（1927/1962）的立场，就能让它的意思更清楚些。有些人一想到要对比海德格尔的思想，就认为这事儿本身和“澄清”扯不上关系，这种偏见也不算完全没有道理。即便我们没有这种偏见，这种对照也不容易，因为海德格尔本人更愿意回避我们使用的概念工具，诸如意识、经验、意向性、呈现模式等。在海德格尔看来，它们都属于“实证”现象，而不是“原初”现象——说到底，这些现象是从与世界的更加基本的关系中衍生出来的。不过，虽然海德格尔不会中意我们的表述，但他的作品中依然有一点见解与我们的主张相符：他相信“此在”本质上就是“去远”（de-severant）或消除距离（de-distancing）：

“去远”即去除“远”——令某物之“遥远”消失，令其接近。“此在”本质上就是“去远”：令任何实体以其所是接近我们，与我们相遇。（Heidegger，1927/1962，139）

还有：

“去远”多为一种“寻视性的接近”——“接近”某物的意思就是获取它、使之就绪、令其上手。但对实体的纯粹认知性的发现有时也具有这种“接近”实体的特点。“此在”就蕴含了“接近”的基本倾向。（ibid.，140）

想象我们走在街上，迎面遇见一个熟人。海德格尔写道：

> 我们对脚下的每一步都有感觉，仿佛它们就是一切上手之物中
> 最切近、最真实的，沿身体的某些部位——我们的足底——滑动。
> 但当我们走在街上，迎面看见一个熟人，哪怕他“远”在二十步开 201
> 外，也要比地面传至足底的触感更“近”：寻视性的关注决定了环境
> 中上手之物的远近。(ibid.，142)

和梅洛－庞蒂对盲杖的论述一样，对海德格尔的这些陈述也可以有两种理解：它们既可能是关于经验的现象学的，又可能是关于意识——或者用海德格尔的术语来说，是关于“此在”——的结构的。海德格尔本人的立场很明确：他将“去远”视为“此在”的构成性特征。这是必然的，因为他相信经验的现象学是实证的而非原初的。说现象学内容是实证的，意思是它们衍生自某些更基本的东西。在海德格尔看来，这种更基本的东西就是对世界的揭示，这种揭示是自我阐释的，也就是“此在”。海德格尔将“去远”视为“此在”的基本的构成性特征，而“此在”是一种原初现象，而非实证现象。显然，他并不满足于提出一种关于视觉之现象学特点的不甚新鲜的主张。

其实，我们对“穿越”的见解就呼应了“去远”的这种两面性：它既关乎经验的现象学，更关乎意识的底层结构，前者以后者为基础。在梅洛－庞蒂笔下，盲人用盲杖试探周围环境，但他不会将环境中的对象经验为“在盲杖末端”：他的意识会“穿越”盲杖，直抵对象本身。如果我们认为这种观点只是在描述现象学，即“以

盲人的方式经验外部世界是什么感觉”，它确实没什么毛病，但也同样谈不上有多深刻。我相信，只有将这种观点视作对意向指向之本质或底层结构的主张，它的意义才能显露无遗。意向指向的本质是揭示性活动，盲人的揭示性活动部分地发生在盲杖中，也部分地发生在盲人的神经结构和身体结构中。因此，我们完全可以说盲杖和大脑都是盲人（部分）揭示性活动的发生地——究其实质，盲人的揭示性活动穿越了他的大脑、身体和他的盲杖，向外直抵世界本身。

我们还能用另一种方式来表述同样的观点：不存在“远距离的意向性”。在围绕意向性概念的课堂讨论中，我们经常会在黑板上勾勒示意图：用粉笔画出箭头，从某人的心理表征指向相应的外部事物。在这种示意图中，表征与外物间经常隔着一片空白，而我相信真正意义上的意向指向绝非如此。意向指向是揭示性活动，揭示性
202 活动是不可能凭空发生的：它必然有其“所为者”（by something）和“所待者”（with something）。回到海德格尔的例子，如果我走在街上，二十步开外瞧见一个熟人，我其实是在以视觉揭示眼前之物：那人我认识（当然还有别的）。但在这种情况下，盲杖的对应物是什么？我的揭示性活动植根于何种意向指向的结构之中？换言之，揭示性活动的载具是什么？我的意识是在“穿越”了什么之后抵达那人本身的？

5 知觉揭示的载具

现在我们考虑一个拥有正常视觉的主体的揭示性活动，这类活

动似乎仅仅发生在双眼和后续神经加工过程之中，人们通常也倾向于这么认为。上述过程当然是揭示的载具，而不是揭示的对象。我们没法觉知到它们：它们是我们**赖以**觉知其他事物**之物**。和那些我们觉知的事物——我们觉知的经验性对象——不同，它们是先验性的，参与构成了对世界的因果性揭示。

但是，我们对世界的因果性揭示不仅限于这些内部过程，除了那些发生在我们双眼和大脑中的神经加工过程外，还有我们对外部世界的所作所为：这些活动同样参与构成了对世界的因果性揭示。我们可以将它们划分为三类，当然不同类别间也有部分重合，分别是：①跳视眼动；②为识别感知运动权变而实施的探索；③对光学阵列的操纵和利用。视知觉当然也包括其他神经外揭示性活动，但这三类显然是最为重要的。

（1）跳视眼动

执行视觉任务时，双眼会以一种特殊的方式运动——跳视。雅布斯已经证明：①不同视觉任务对应的扫视轨迹截然不同；②跳视眼动的模式与视觉任务的性质存在系统性关联（Yarbus，1967）。在实验研究中，雅布斯要求被试观看一幅画作，展示画作前他会下达任务要求。画作的内容是六位妇女和一位男性访客，任务要求包括：

1）随意观赏作品。

2）判断画中人物的年龄。 203

3）猜测访客到来前，画中的人在干什么。

4）记住画中人物的衣着。

5）记住房间中物品的陈设。

6）猜测距离画中人上一次见到这位访客已经过去了多久。

雅布斯发现，事先下达的任务要求会对被试观赏作品时的扫视轨迹造成影响：不同的任务要求对应的扫视轨迹截然不同。如果任务要求和画中人物的外表有关（比如，要求被试判断画中人物的年龄，即任务要求2），被试会集中关注人物的面部附近；如果任务要求涉及作品的主题，被试会扫视作品的相应区域——主题不同，扫视轨迹亦不同。比如，要求被试猜测访客到来前画中人在干什么（任务要求3）和要求被试猜测距离画中人上一次见到这位访客已经过去了多久（任务要求6），被试的扫视轨迹是很不一样的。总之，雅布斯发现跳视眼动的模式与视觉任务的性质存在系统性的关联。

跳视眼动和诸如此类的探索活动的总体模式属于知觉揭示的载具。只消对某人“扫上两眼”，我就能意识到上周刚见过他，或已经有日子没见他了，这属于他对我的经验性呈现模式。看画时的情况也是如此，跳视眼动的模式（扫视轨迹）向被试揭示了对象（画作）的经验性呈现模式：画中人是上周才见到这位访客，还是已经有日子没见他了。

跳视眼动的模式当然不是我们觉知的对象——我们通常很难意识到，或压根儿意识不到双眼是如何从视觉场景中提取信息的。在现象学意义上，我们觉知的一般不是眼动，而是眼动为我们揭示的东西：具有特定经验性呈现模式的视觉对象。我们能够觉知什么、不能觉知什么皆源于意向指向的本质，它要比知觉现象学更加深刻：意向指向作为展露性或揭示性活动能穿越揭示的载具，直抵揭示的

对象，正如看画时我们的意向指向能穿越跳视眼动，直抵画作本身。 204

（2）为识别感知运动权变而实施的探索

回顾第2、3章对视觉经验的感知运动解释，这种解释非常重视一种探索活动：这种探索是识别与特定视觉场景有关的感知运动权变所不可或缺的。此前，我曾质疑延展心智与知觉的生成主义解释是否兼容，现在我只想讨论探索性视觉活动的作用。不论生成主义解释与延展心智的关系如何，我们都可以说生成主义解释强调的探索属于知觉揭示的载具。就我们当前的目的而言，能得出这个结论就足够了。

借鉴丹尼特的例子（Dennett，1991），假设你面前是一幅安迪·沃霍尔（Andy Warhol）风格的玛丽莲·梦露（Marilyn Monroe）照片墙。在任意时刻，你的视网膜中央凹区域最多只能“观照”它的一小块区域，其中大概有三四幅照片，中央凹周围区域又不够精确，无法区分梦露的照片和同样大小的鬼画符。但在你看来，眼前就是一面梦露照片墙，不是三四幅清晰的照片周围环绕着一堆模糊的影像。在现象学意义上，这面照片墙会向你完整地呈现出来。

对这种现象学呈现的生成主义解释简洁而优美。首先，我们能看见整面梦露照片墙的印象是从以下事实衍生出来的：只要我们愿意，只要转转眼球，就能看见照片墙任意位置的任意一张照片。这让我们产生了一种印象：整面照片墙都是“直接可用”的（O'Regan & Noë，2001，946）。这种印象有错吗？如果“看见”意味着创建同构于视觉对象的内部表征，它就有错。但如果我们承认“看见”是我们探索环境的结果，而这种探索又要使用关于感知运动权变的规律的知识，就确实可以说我们“看见”了整面照片墙，因为对环境的探索确实意味着能将注意资源从指向环境的某个“方面”转向其他“方面”，这个过程也确实使用了我们所拥有的关于感知运动权变的知识。

其次，我们不仅能随意调整注意的指向，视觉系统本身对视觉瞬变也极其敏感。在视觉瞬变发生时，一套层级较低的“注意吸引机制”似乎能自动引导我们将注意指向瞬变的位置。这意味着一旦环境中有事发生，我们通常都能有意识地看见。我们因此产生了这
205 样的印象：环境中一切可能变化之物都已被“打上了标签”，我们也有意识地“看见”了一切。如果“看见”意味着应用感知运动权变知识的探索活动，这种印象就没错：我们确实“看见”了一切，除非你坚持认为“看见”就一定意味着创建映射外部世界的内部表征。

不论是对注意指向的随意调整，还是注意指向被视觉瞬变自动吸引，都属于探索活动的范畴。[4]它们与跳视眼动的扫描轨迹都是知觉揭示的载具，是我们**赖以**揭示视觉世界（之特定呈现模式，如“梦露照片墙”而非“鬼画符照片墙”）**之物**（当然视觉世界还有其他**所由**呈现**之物**）。我们借助视觉经验世界（也就是“看见”世界）时通常都不会觉知到这些探索活动，它们是我们**赖以**经验世界**之物**。也就是说，它们是世界**所由**对我们呈现其特定呈现模式**之物**。这些活动属于我们对世界的因果性揭示的载具，是我们达成对世界的（视觉性）意向指向的部分手段。我们对世界的意向指向既“通过”这些活动实现，又“穿越”这些活动，正如它既“通过”又“穿越”我们双眼和大脑中的加工过程。

(3) 对光学阵列的操纵和利用

回顾吉布森对知觉经验的解释（Gibson，1966）：通过采取行动操纵并转化光学阵列，知觉的有机体得以将信息从行动前的“存在”转化为行动后的“可用”。比如观察者移动时，光学阵列会发生变化，这种变化蕴含了环境中各个对象的布局、形状与朝向的信息。再具体一点：通过转化光学阵列（并提炼转化前后的光学阵列间的系统性关联），知觉的有机体得以获取吉布森所说的光学阵列的“恒定信息”——“恒定信息”不存在于静态的光学阵列之内，而是存在于一个光学阵列到另一个光学阵列的转化之中。光学阵列的转化的“本征功能”就是将“恒定信息”从“存在”转化为“可用”。

知觉的有机体借助自身的运动操纵光学阵列，这种操纵也是知 206
觉揭示的载具。知觉的有机体不需要觉知到，也通常不会觉知到自己的操纵活动：这些活动是揭示的载具，而不是揭示的对象。也就是说，这些活动是知觉的有机体**赖以**觉知环境的特定特征**之物**，而它们本身通常不是为有机体所觉知的东西。在现象学意义上，有机体的觉知穿越这些活动，直抵它们参与揭示的世界本身。至于有机体对环境的知觉揭示发生在哪里，显然它部分地发生在这些操纵活动发生之处，而这些操纵活动是不能脱离外部光学阵列进行的：毕竟，想要操纵任何外部结构，操纵活动都至少要触及到该结构。

因此就像跳视眼动的轨迹和感知运动探索一样，对光学阵列的操纵也是对世界的因果性揭示的载具。也就是说，就视知觉而言，操纵光学阵列是我们对世界的意向指向得以实现的手段之一，是我们**赖以**揭示世界（某个部分）的某种经验性呈现模式**之物**。视觉意识既“通过”这些操纵活动实现，又“穿越”这些操纵活动，正如它既“通过”又“穿越”双眼和大脑中的加工过程。

6 回看 Otto

至此，我们似乎得出了以下结论：意向性——对世界的意向指向——应理解为展露性或揭示性活动。这种揭示性活动是主体**赖以**揭示世界某个“方面”或多个“方面”（也就是经验性呈现模式）**之物**。如果意向指向就是揭示性活动，那么揭示性活动发生在哪里，意向指向就发生在哪里。我们已经知道揭示性活动存在于多处。双眼和大脑中的加工过程显然属于揭示性活动：它们是世界（作为经验性呈现模式）**所由**向主体呈现**之物**。但我们没有理由认为构成意向指向的揭示性活动仅仅发生在颅内：我们对现实世界的所作所为和神经过程都参与了对世界的经验性呈现模式的揭示。当梅洛 - 庞
207 蒂笔下的盲人用盲杖试探自己周围都有些什么时，这种试探就参与构成了他揭示世界的活动；当视力正常的人借助跳视眼动识别视觉场景中的显著信息时，扫视就参与构成了他揭示世界的活动；当他以一种能揭示感知运动权变的方式探索外部世界时，这种探索就参与构成了他揭示世界的活动；当他操纵光学阵列，将原本“存在”的信息转化为“可用”时，这种操纵也参与构成了他揭示世界的活动。如果意向性的本质就是揭示性活动，它当然不会局限在颅内的加工过程中。

这些讨论表明：首先，我们拥有了意向性的一般模型，也就是

意向性即揭示性活动；其次，该一般模型可应用于知觉，特别是视知觉。不过，融合心智观（包括具身心智观与延展心智观）是关于一般意义上的认知的，而不仅限于知觉。因此接下来要换个方向，将意向性的一般模型应用于一般意义上的认知过程。有了这个目标，我们再回过头来看看克拉克与查尔莫斯设计的著名思维实验。

Otto在报纸上读到了有关展览的宣传，他想去参观，于是查阅笔记本，发现现代艺术馆位于第53大街。对克拉克和查尔莫斯的延展心智观的惯常理解是：Otto笔记本上记录的条目等价于他的一条信念。出于先前谈到过的原因，我并不认同这种见解。Otto笔记本上的条目和Otto的信念不具有“例同一性”，因此我们不应将这些条目等同于Otto的认知状态。根据我的延展心智观，Otto对笔记本的操纵构成了他回忆起现代艺术馆位于何处的过程。如果我们对意向指向的解释是正确的，个中理由就很清楚了：对笔记本的操纵构成了对世界的因果性揭示的（部分）载具，换言之，操纵笔记本的活动是（以记忆的形式）实现Otto对世界的意向指向的部分手段，是他**赖以**（部分地）揭示世界的特定经验性呈现模式（即回忆起世界的特定“方面”）**之物**。Otto借助这种操纵，揭示了“图书馆位于第53大街”这一点。他对世界的意向指向既“通过”这种操纵实 208
现，又“穿越”这种操纵——这种操纵只是在以某种方式将世界的特定“方面”在记忆中向他（部分地）展露或揭示出来。

正因如此，我们可以认为Otto对笔记本的操纵参与构成了他的记忆过程。这种操纵属于他对世界的意向指向的载具，在Otto的例子里，这种意向指向就是记忆。我曾指出，意向指向作为揭示性活动，是不可能凭空发生的，它必然要凭借某种载具——如果你愿意的话，也可以称之为意向性的“以太”——发生。Otto 记忆的载具有部分是他颅内的神经加工过程，这些内部过程让他得以认出笔记的条目，形成关于这些条目之内容的信念。他的揭示性活动也有部分是身体性的，包括双臂、双手和手指的灵活配合，让他能翻阅笔记本，准确地找到他需要的记录。但是到头来，意向指向的载具也是环境性的过程——通过操纵（翻阅）笔记本，先前不可用的信息对 Otto 而言就变得可用了。对 Otto 而言，所有这些过程——神经性的、身体性的、环境性的——都参与构成了完整的揭示世界的过程，让世界的特定经验性呈现模式在 Otto 的记忆中得以展露出来，也就是让 Otto 得以回忆起某些关于现实世界的事实。因此说我们回忆起了什么，就是说我们在记忆中揭示世界。至少对 Otto 来说，回忆起图书馆在哪儿的过程就包括所有这些神经性的、身体性的和环境性的过程。

对 Otto 案例的这种理解还有一个好处：它让我们得以应对一种针对延展心智观的主要反对意见。有人认为 Otto 查阅笔记本的过程不算记忆过程，因为 Otto 对笔记本的访问模式和 Inga 对其（内部）记忆的访问模式从根本上就有所不同：Otto 对笔记本的访问要依赖知觉，Inga 对其记忆或信念的访问则不用。克拉克和查尔莫斯对这一点也是承认的，但他们不认为这就意味着 Otto 笔记本上的条目不算是他的信念：访问模式不同尚不足以得出这个结论。他们说，想
209 象一个机器人，就像阿诺德·施瓦辛格（Arnold Schwarzenegger）扮演的终结者那样，内部存储了关于现实世界和它自身内部状态的信

息，它用某种“准知觉”的方式访问这些信息，如用虚拟视觉显示单元（virtual visual display unit，VVDU）在眼前播放。假如它发现了一个目标，VVDU 显示那就是它要追杀的对象——在逃的未来反抗军领袖约翰·康纳（John Connor），我们能说因为它访问相关信息的模式和人类的不同，所以它没有关于逃犯是谁的信念吗？如前文所述，在克拉克和查尔莫斯看来，决定某物是否“信念”的并非我们对它的访问模式，而是它的功能角色。

克拉克和查尔莫斯的案例是否表明 Otto 笔记本上的条目可算作他信念的一个子集？我对此表示怀疑，在前文中也给出了一些理由。我的主张是，这个结论应理解为针对过程而非状态的：Otto 对笔记本的操纵在适当的情况下可算作他记忆过程的一部分。但如何理解这个结论不影响我在这里要提出的观点，因此我们权且循克拉克和查尔莫斯的逻辑展开讨论，尽管我认为他们的“版本”——或不妨说，对他们的延展心智观的最普遍的理解——在其他语境下是值得商榷的。

延展心智观与开明的功能主义的联系可揭示克拉克和查尔莫斯的“版本”存在的问题。尽管人们大都认同对信念的访问模式参与构成了信念的功能角色，因为特定事物的功能角色通常是由该事物的典型因果效应所界定的。但借助 VVDU 显示信息和以“传统方式”访问信念的因果效应并不相同：前者能让终结者相信自己获得了一种特殊的视觉经验，后者则未必有此效果。因此，如果采纳信念的功能主义解释，就没法认同笔记本中的条目可算作 Otto 的信念了。要想绕开这个问题，只能假设上述功能角色的差异只是浅层次的，不足以对我们是否将特定状态或过程归于“心理项”产生影响。但是，唯有我们相信可以用一种更加抽象的方式描述功能，从而既保留功能角色的重要方面，又忽略其次要方面，这种做法才有效。也就是说，我们要能合理地主张功能角色的某些方面并不重要，无须加以关注。但这样一来，我们就将再度面对“开明的功能主义”和
210 “保守的功能主义”的争论，因此可能陷入两种功能主义的“拉扯”且势必导致具身心智观与延展心智观的分歧。这个分歧对融合心智观的内部融贯显然构成了更严重的问题。

本书对意向指向的解释让我们有望规避为心理项的功能确定恰当的描述水平这一棘手问题。根据这种解释，我们固然可以说 Otto 对笔记本的访问是知觉性的，Inga 对其信念的访问则不是，但这种区别并不重要，而且会产生误导。先说它为什么会产生误导。当 Otto 翻到那一页，读到“现代艺术馆位于第 53 大街”的记录，这一视觉经验的现象学是什么？他觉知到的是页面上的单词和字母吗？对单词和字母的觉知能构成日常阅读的视觉经验的现象学吗？这取决于我们如何理解“觉知”。在某种意义上，我们阅读时当然会“觉知”到页面上的单词和构成这些单词的字母。且不论这种“觉知”意味着什么，我们先承认 Otto 能觉知到页面上的单词和句子：毕竟没有这种“觉知”，就很难说他在阅读。

但是，认为 Otto 觉知到的**只有**单词和句子表明我们对阅读的现象学缺乏深入理解。正常情况下，我们在阅读时觉知到的主要不是页面上的符号，而是这些符号描述的东西——是符号所“关于”的。假如我们觉知到的只有单词和字母，就表明我们的意向指向遭遇了

障碍。这就是海德格尔所说的环境（之器具性）的瓦解。假如 Otto 字迹潦草，他在翻阅某条记录时一直盯着某个字母，揣摩它究竟是“s”还是“3”，此时 Otto 觉知到的确实就是符号本身，而不是符号所“关于”的。但这并非正常情况。在海德格尔看来，环境的瓦解有不同的类型，包括显著、顽固和突兀——严重程度依次递增。“显著”比较好处理，如 Otto 是个老花眼，但他只要戴上眼镜，就能正常翻阅笔记本，也就是恢复与笔记本的寻视性互动；“顽固”要棘手一些，如 Otto 即便戴上了眼镜，有些句子还是太潦草，他得仔细分辨才能解读出来；“突兀”是最难应付的，如 Otto 发现笔记本丢了，而且怎么也找不着，他就得好好想想没有了笔记本，自己往后该怎么办了。

所有这些情况都表明 Otto 遇到了问题，因此它们都不“正常” 211
（normal）。“正常情况”完全不同。当然，我们所说的“正常情况”是规范性（normative）的，并不意味着统计学意义上的“大多数情况”——也许对 Otto 来说事情就是令人不爽，大多数情况下他都过得很不顺。“正常情况”下一切都以“应然”的方式进行，Otto 的意识会穿越页面上的单词，直抵这些符号描述的东西：他觉知到的主要不是作为符号串的句子“现代艺术馆位于第 53 大街”，而是现代艺术馆位于第 53 大街这一**事实**。同样 Inga 觉知到的也不是自己的神经状态，她的意识会穿越这些状态，直抵这些状态所“关于”的事实：现代艺术馆位于第 53 大街。只要不遭遇意外的障碍（环境的瓦解），Otto 和 Inga 的意向指向就能穿越其物质实现，直抵世界本身。

从这里也能看出为什么访问模式的区别并不重要。说 Otto 觉知到句子“现代艺术馆位于第 53 大街”是什么意思？人们之所以认为 Otto 能觉知到句子，是因为混淆了“觉知到什么”（aware of）和“用什么觉知”（aware with）。这种混淆我们已经不陌生了。归根结底，若一切“正常”，Otto 是不会觉知到句子本身的——句子不是他意向活动的对象，只是他**赖以**觉知其他事物（现代艺术馆之具体位置的事实）**之物**。句子（以及其他因素）向 Otto 揭示了现代艺术馆的经验性领会（呈现）模式——位于第 53 大街。Otto 对笔记本的“操纵”和 Inga 对记忆的“查询”都是在记忆中揭示世界，使其以某种经验性呈现模式（“包含一座现代艺术馆，位于第 53 大街”）向主体展露出来。因此，Otto 对笔记本的操纵是他展露或揭示世界的手段，他的意识通常都会穿越页面上的单词，直抵这些符号所描述（“关于”）的东西。

Inga 的神经状态和 Otto 的笔记记录都是主体**赖以**觉知现实世界所含对象**之物**：现实世界中的各种对象会在揭示性活动中以各种经验性呈现模式对主体展露，在这个意义上，Inga 的神经状态和 Otto 的笔记记录正是他们的展露性或揭示性活动的（部分）载具，构成
212 了世界的特定“方面”（“包含一座现代艺术馆，位于第 53 大街”）**所由**向主体呈现**之物**。我相信正因如此，将 Otto 对笔记本的操纵视为其记忆过程的一部分是合理的。这种操纵构成了 Otto 对世界的认知揭示的载具，这种揭示在记忆中为他展露了现代艺术馆的一种经验性领会（呈现）模式——位于第 53 大街。这就是为什么 Otto 对笔记本的操纵应被视为一种认知活动，参与构成了他的认知过程。

7　揭示与认知性的揭示

我已经可以想象有人会怎样演绎这种观点了：我转过墙角，不管遇见了什么，都将一些原本不在视野中的东西揭示了出来，因此我转过墙角的过程也是一个认知过程。但这种说法当然只是在抬杠。转过墙角是一种揭示，但揭示未必是认知性的。所以，认知性的揭示和非认知性的揭示有什么区别？很简单，认知性的揭示须得满足认知的判断标准：它是对信息承载结构的操纵与转化，它的“本征功能”是让揭示前不可用的信息对主体或后续加工操作可用，之所以能做到这一点，是因为它能在揭示活动的主体内部产生一个表征状态，此外它属于一个认知主体，也就是一个满足条件 1 至条件 3 的有机体。[5]

转过墙角不涉及操纵信息承载结构，因此不满足条件 1。我们之所以转过墙角，可能有各种理由，因此它的“本征功能”也不是让信息对主体或后续加工操作可用。当然，转过墙角确有可能让信息对主体或后续加工操作可用，但即便如此，这也不是在实现它的“本征功能”，因为转过墙角就没有什么“本征功能”（好吧，也许有，它的“本征功能”大概就是“转过墙角”）。我们可能出于各种目的转过墙角，转过墙角也可能产生各种效果，因此转过墙角也不满足条件 2。既然转过墙角没有“本征功能”，也就没法说它之所以能实现这个功能，是因为它能在主体内部产生什么表征状态了。在 213
主体内部产生新的表征状态的确有可能是转过墙角的结果，但它不是转过墙角的“本征功能”，因此转过墙角同样不满足条件3。

转过墙角也许是揭示的载具，参与揭示了特定对象的某种经验性呈现模式，但它并非认知性揭示的载具，至少不够典型。因此，我们没有理由认为转过墙角是某个认知过程的一部分。[6]这种解释还有一个好处：它以一种有用的方式强调了认知与行动显著的共性，又不至于混淆二者。认知是一种揭示现实世界所含对象之经验性呈现模式的手段，它有自己的判断标准。有些行动同样能以满足这些判断标准的方式揭示特定对象，因此它们也是认知性的，但并非所有行动都是认知性的。

8 具身认知与延展认知：再聚首

融合心智观是对具身心智观与延展心智观的融合。本书的核心宗旨是为融合心智观提供一个概念框架，使其主张能得到更有力的支持与更充分的理解。我们遭遇的一个严重问题是具身心智观与延展心智观对功能主义的态度完全不同。延伸心智观植根于开明的功能主义，具身心智观则通常被认为是反对功能主义的——至少可以说它只能兼容保守的功能主义，而非开明的功能主义。因此，要奠定融合心智观的概念基础，最重要的任务就是设法调和具身心智观与延展心智观。

本书一直在尽量规避功能主义。老实说，我们并没有反对功能主义，只是尝试换一个角度来考虑问题：不再强调功能主义对延展心智观的支持作用，而是指出意向指向的实质是揭示性活动，是对意向对象特定经验性呈现模式的揭示，因此意向性是对其物质实现的某种穿越。这样一来，我们就以同样的理由和同样的方式将身体性与环境性的成分一同纳入揭示性活动的范畴中了，这对调和具身 214
心智观与延展心智观是至关重要的。

假设世界以某种方式向我们展露：我们要么通过知觉，要么通过思维揭示了意向对象的特定经验性呈现模式。根据本书创建的意向指向模型，关键的问题就是：（因果性）揭示的载具是什么？也就是说，是什么（因果性地）让世界以这种方式向我们展露？载具可以有很多种，正如我们所见，一切揭示性活动的载具都有神经性的成分，因此不管你支持具身心智观还是延展心智观，只要还有理智，就得承认一切认知过程都有不可消除的神经性成分。但揭示性活动的载体通常——注意不是“总是”，不是“必然”，而是“通常”——都不仅包括神经性成分，有时还辅以身体性过程。这些过程同样是因果性揭示的载具。另一些情况下，揭示性活动还包括更加宽泛的环境性成分，也就是主体**针对**及**使用**其所处环境中的具体事物的所作所为。特定过程只要以符合认知判断标准的方式揭示世界的特定经验性呈现模式，就是一个认知过程；任何事物只要是这种揭示的一部分，也就是认知过程的一部分。

特定揭示性活动的载具是什么，包含哪些成分，需要具体问题具体分析。过程不同，载具也不同。有些揭示性活动可能完全是神经性的，有些则未必。前述“意向性的一般模型”并不过分关注揭示性活动的载具是神经性的、身体性的还是环境性的。这些载具的共同目的就是揭示世界的经验性呈现模式——在这个意义上，意向性的一般模型提供了调和具身心智观与延展心智观的一般性理论图景。

9　“所属”问题

我曾在本书的前半部分指出，针对延展心智观的主要反对意见都可还原为“认知标志说”。因此，我提出了认知的判断标准：它们是一组条件，任何过程只要满足这组条件，就可视为认知过程。其
215 中“所属”条件给我们造成了最大的困扰：任何认知过程都必须“属于”某个认知主体（该主体要符合认知判断标准的条件 1 至条件 3）。前文围绕“所属”条件的论证可谓步履维艰。我们将讨论对象的范围局限为个体水平的认知过程，因为亚个体水平的所属关系只是从个体水平的所属关系中衍生出来的。而后，我们又探讨了个体水平的所属关系与“权限”和“能动感”的关联。但即便如此，考虑到“权限”和“能动感”本身也是衍生性的，我们距离得出结论还差得远。

这些问题都能用本章的意向指向模型来解决。如果一个认知过程为我揭示了世界，就可以说它是属于我的。它可以用两种方式做到这一点。一是在个体水平以思维、知觉、经验等形式直接为我揭示世界，诸如此类的个体水平的认知过程是现实世界所含对象的经验性呈现模式**所由**向我展露**之物**——不论是通过知觉、记忆，还是思维。二是在亚个体水平借助某种信息状态为我揭示世界，这些亚个体水平的认知过程是属于我的，因为它们为直接向我展露世界的（个体水平的）认知过程奠定了基础。

要将问题讲得更明白些，就要回顾我们对因果性揭示与构成性揭示的区别。因果性揭示关注思维、知觉、记忆、经验的物质实现或载具，构成性揭示则关注它们的内容。以经验的内容为例，我相信“拥有某种经验的感觉”等价于该经验的先验性呈现模式，只要我拥有经验，“拥有这种经验的感觉”就必然包含经验的“属我性”（mineness）。换言之，之所以说我们“拥有”某种经验，是因为我们拥有“拥有这种经验的感觉”，这种“感觉”就包括识别出该经验“属于我”，因此我们甚至不会提出经验“属于谁”的问题。“这儿有个经验，它是谁的？”这种问题只对那些最不常见的精神病患者才有意义。“属我性”是经验的一种现象学特性，参与构成了我们“拥有经验的感觉”。

上述现象学事实源于意向指向的本质：意向指向是展露性或揭 216
示性活动。任何事物本身都不成其为揭示。揭示是一个关系性的概念，它就得是“为”或“向”某个主体的（亚个体水平的揭示则是“为”或“向”某个过程的）。因此“拥有某种经验的感觉”是**一个主体**拥有这种经验的感觉，它以某种方式**为该主体**揭示世界。经验的“属我性”是“拥有经验的感觉”的一部分，意味着拥有经验不仅是揭示世界的特定经验性呈现模式，而且是**为我**揭示世界的这种经验性呈现模式。

我们能以同样的方式解释思维、记忆和其他认知状态的内容。“这儿有个思维，它是谁的？”这种问题在正常情况下是没有意义的。思维的现象学是从它的本质——对世界的展露或揭示——中衍生而来的。思维或记忆的内容就是以某种方式揭示现实世界所含之物的特定经验性呈现模式，是这种揭示的逻辑充分条件。内容的载具则是揭示的因果充分条件。但任何事物本身都不成其为揭示，揭示是关系性的——它就得是“为”了什么或“向”着什么的。

认知的载具正是我们的“新科学”应该研究的主题，这些载具属于对世界的因果性揭示而非构成性揭示，为主体揭示世界之特定经验性呈现模式提供了因果充分条件，而不是逻辑充分条件。我们也可以用同样的方式来解释为什么这种揭示“属于我”。任何认知过程——不论是神经性的、具身的还是延展的——只要为我揭示了世界，自然就属于我。它们可以直接为我揭示世界特定部分的经验性呈现模式，也能间接地做到这一点——让信息对我的（亚个体水平的）认知过程可用。亚个体水平的认知过程会被整合到个体水平的认知过程中去，而在个体水平，一个认知过程只要因果性地为我揭示了世界，就是“我的”认知过程。相应的子结构和子过程——不论是神经性的、具身的还是延展的——只要参与构成了这种因果性揭示的载具或手段，就属于这个认知过程。因此，一个知觉过程之所以是“我的”，是因为它因果性地（而非构成性地）为我揭示了西红柿的某种经验性呈现模式（“又红又亮”）。我的跳视眼动、我的探索活动、我对光学阵列的操纵只要参与构成了这种因果性揭示的载具或手段，就是这个揭示过程（知觉）的一部分。一个信念之
217 所以是“我的”，是因为它因果性地为我揭示了世界的某种经验性领会模式（“包含一座现代艺术馆，位于第 53 大街”）。我的笔记本只要参与构成了这种因果性揭示的载具或手段，就是这个揭示过程（记忆）的一部分。

有了这些共识，我们再来回顾“认知膨胀说”。我们在前面提过望远镜的例子。望远镜内部的过程——光的反射——满足认知判断标准的条件 1 至条件 3，但它是否满足条件 4？我们认为它满足，但只在有人使用望远镜（之本征功能）时才满足。比如，我用望远镜观星就是对世界（比如，土星）的因果性揭示（揭示土星的经验性呈现模式——带有星环）。此时，望远镜的内部过程参与构成了这种因果性揭示的载具，尽管我们也曾指出，这些过程至多是亚个体水平的认知过程。如果我完成了观星离去，只留下望远镜对着土星，虽说它的内部过程和我在观星时完全一样，但此时这些内部过程已不属于认知过程，而是亚个体的认知过程了。一个过程只有“属于”一个主体，我们才能说它是一个认知过程；而它只有在主体揭示世界之经验性呈现模式的活动中发挥了作用，我们才能说它“属于”这个主体。一切认知都要能回溯到特定主体的揭示性活动，这一点削弱了“认知膨胀说”。一个过程只有在主体对世界的因果性揭示中发挥了作用，才属于认知过程。如果对世界的揭示不是“为”了或“向”着某个主体，就不存在认知。但更重要的是，如果任意时刻不存在对世界的什么“揭示”，也同样不存在认知。假如一台望远镜在特定时刻没有被我或被任何人使用，它就不是揭示（比如）土星之特定经验性呈现模式（带有星环）的载具，在它内部也就不存在什么“认知过程”了。如果我们承认这一点，“认知膨胀说”就不构成一种挑战：对世界的揭示描绘了认知的边界。[7]

10 “古怪”的“新科学”？

延展心智的主张多少有些奇怪，即便它的支持者也会表示赞同。相比之下，具身心智观就要稍微“正常”一点，毕竟它没有将心智“拽”离大脑太远（尽管还是很怪）。如果这两种主张都被证明是正
218 确的（这大概会让许多人——甚至是绝大多数人——惊掉下巴），我们的（“非笛卡尔主义”的）“新科学”就必然天生“骨骼精奇”且“形容古怪”了。

这种“古怪”的印象源于我们对意向性的一种几乎是约定俗成的界定。不少人都误以为意向指向本质上是一种内部过程。当我用语词来表达，我想要表达的“意思”是完全内在的，我能通过将关注转向内部（即“内省”）来把握住语词或表述背后的“意思”。人们通常都认为只有将关注转向内部才能发现意向指向，认为意向指向是我们“内省”活动的对象。如果我们以这种方式来理解意向性，鉴于意向状态是心理状态的范例，融合心智观就的确显得“古怪”了。

但在我看来，意向指向不是什么我们能借助“内省”发现的东西。内省时我们只能发现这种指向的对象。意向指向应理解为对世界的揭示，这种揭示让世界之特定“方面”（即意向对象的“经验性呈现模式”）得以向我们展露。对世界的揭示有构成性和因果性两种，它们的区别在于我们谈论的是意向指向的内容（经验）还是载具（物质实现）。

既然“新科学”关注的是对世界的因果性揭示和相应的载具，具身认知与延展认知的主张就是自然而然的结论了。揭示性活动的载具的性质和位置可以是多种多样的：它们有时是颅内的神经过程，有时是身体性的，还有些时候延展到身体之外，将我们对环境的操纵、利用和转化也纳入到认知的边界中来。

只要我们承认这一点，具身认知与延展认知的主张就一点儿也谈不上“古怪”。相反，它们是如此显而易见，甚至有些过分直白了。兼容具身心智观与延展心智观的融合心智观亦然：只要我们接受了对意向指向的正确理解（即“意向性的一般模型”），就不会觉得基于融合心智观的“新科学”有什么“古怪”可言了。

注释

第1章　“拓展心灵”

1. 这种新思路对大众文化的日益渗透可由一系列作品反映出来，包括弗雷德·哈珀古德（Fred Hapgood）的《当机器人加入我们》（*When Robots Live Among Us*）（刊载于《发现》杂志2008年6月刊），以及大卫·布鲁克斯（David Brooks）的《大脑的“外包”》（*The Outsourced Brain*）（刊载于2007年10月26日的《纽约时报》）。

2. 有趣的是，早在20世纪60年代“认知革命”爆发以前，神经网络模型的先驱就已出现了。奥利弗·塞尔弗里奇（Oliver Selfridge）（1959）开发的著名模型“pandemonium”就在许多方面预示了今天的联结主义神经网络。塞尔弗里奇的工作显然受到了沃伦·麦卡洛克（Warren McCulloch）和沃尔特·皮茨（Walter Pitts）的启发（McCulloch & Pitts，1943，1947）。

3. 这方面的争论本身就很值得回顾（Fodor & Pylyshyn，1988；Smolensky，1987，1988）。

4. 我相信这场对话发生在亚历山德拉·塔内西尼（Alessandra Tanesini）和理查德·格雷（Richard Gray）于卡迪夫大学组织的一次认知科学研讨会上。肖恩就是在这个场合提出他著名的“4e概念”的。随后，他就于 2007 年 10 月在中佛罗里达大学召开了一次会议，主题为“4e：具身的、嵌入的、生成的、延展的心智”（4e：The Mind Embodied，Embedded，Enacted，Extended）。

5. 剧透一下：事实上，我所拥护的是一种 2e 的非笛卡尔式心智概念。

6. 我所说的全新的“非笛卡尔认知科学”指的是 4e 在我们的提炼与澄清工作完成后剩下的那些内部一致的部分。

7. 鲁伯特（Rupert，2004）对我的立场的批评中至少有一条就反映了他未能理解这一区别（当然，他想要表达的是我没能理解这一区别）。因此，我应该强调，心智是由心理状态和心理过程构成的，只有明确了这一点，我们才能说它是具身的、嵌入的、生成的或延展的。如果心智被认为是某种不同于这些状态和过程的东西，而且是这些状态和过程的基础，那就没有理由认为它在大脑之外。

8. 感谢迈克·惠勒（Mike Wheeler）为我指出这一点。

9. 这是基思·坎贝尔（Keith Campbell，1970）对笛卡尔思想的解读，或者不妨说：要想理解笛卡尔的观点，就只能以这种方式来解读。

10. 对笛卡尔思想的另一种解读是，笛卡尔并未指出心智的空间位置。也就是说，“心智在哪里”是一回事，“心智与大脑在哪里交互”则是另一回事。根据这种解读，心智并没有在哪里，但心智与大脑的交互发生在一个确定的位置——松果体。感谢惠勒为我指出了这一点。如今许多人都试图推动笛卡尔思想的复兴，甚至这已经成为一种时尚，而这种解读就体现了他们的努力。但我认为，依然存在严重的概念障碍是他们绕不过去的。最明显的是，怎么可能有某种东西既没在哪里，又能对某处的某物产生影响（作用于大脑）呢？因此我在本节将继续坚持对笛卡尔思想的更传统的解读。你也许对此并不认同，但这种解读确实是最普遍的。换言之，书中的“笛卡尔式的”只是一个标签，标明了多数人对笛卡尔思想的理解，尽管它未必是笛卡尔本人真正的洞见。

11. 见布鲁克斯的作品《大脑的“外包”》（*The Outsourced Brain*）。

12. 当然我经常遇见这种情况：当车载 GPS 提示我驶出主路时，出口已经被我甩在身后有一段距离了——不过开得太快是我的问题。

13. 安迪·克拉克（Andy Clark，1989）的“007 原则”（“只知道你需要知道的”）也表达了同样的意思，而且要比“看门狗原则”提出得更早。

14. 罗伯特·鲁伯特（Robert Rupert，2004）、弗雷德·亚当斯（Fred Adams）和肯·埃扎瓦（Ken Aizawa，2001，2010）都提出过类似的质疑，当然他们取的角度略有差异。我认为他们极大地推动了“非笛卡尔认知科学”的发展，让质疑笛卡尔的学者们不断完善自己的主张。我将在后续章节中详细探讨他们的质疑。

第 2 章　非笛卡尔认知科学

1. 的确有人相信马尔的视觉理论是一种外部主义——或曰“非笛卡尔式”——的视觉理论（Burge，1986），其理由是环境在马尔的理论中扮演了一种“预设”的角色。换言之，这种“预设”——或者叫“环境条件”（environmental circumstances）——为构成视觉的各个过程提供了一个有用的框架（“脚手架”），让这些过程得以嵌入其中。但马尔从来没有暗示过“环境条件”是构成视觉的各个过程的**一部分**。因此，我认为将马尔的理论归于“笛卡尔认知科学”是合情合理的。如果真是这样，就再一次说明“笛卡尔认知科学”绝不反对认知过程嵌入环境的观点。更多细节见第 3 章。

2. 感谢托尼 · 切梅罗（Tony Chemero）为我指出这一点。

3. 感谢迈克 · 惠勒（Mike Wheeler）让我关注到这一点。

第 3 章　具身、延展、嵌入与生成的心智

1. 我说“休谟的观点或许与之类似”，但休谟其实不一定认同这种观点（关于这一点，见 Craig，1982，第 3 章）。不过，已有非常多的人将这种心智观与休谟的思想关联起来，因此称其为“休谟式的”并无不妥。

2. 我对延展心智观的本体论诠释与认识论诠释有过区分（Rowlands，1999），虽然那时我更愿意称延展心智观为“环境主

义”。本体论诠释是关于“心理过程是什么”的，认识论诠释则是关于“如何理解心理过程”的。我相信从延展心智的本体论诠释必然可以推出其认识论诠释，但对理解延展心智观而言，最重要、最有趣的还是本体论诠释本身。对延展心智观的这种区分在本节得到了应用，不过我还将进一步区分两种本体论诠释。

3. 在延展心智而非具身心智的语境中，亚当斯和埃扎瓦（2001，2010），以及鲁伯特（2004）都曾一再强调这一点。我认为他们是对的。

4. 我曾指出，对延展心智观（环境主义）的最好的理解是：其强调了一种本体论构成关系（而非依存关系）（Rowlands，1999）。但我当时并未明确区分这两种关系。我要感谢亚当斯、埃扎瓦（Adams & Aizawa，2001，2010）和鲁伯特（Rupert，2004），他们的批评敦促我将这种区分补充完整。

5. 鲁伯特（2004）所持的正是这种见解。

6. 这种理解是我提出并倡导的（见 Rowlands，1999），当然对延展心智观不止这一种理解。

7. 这种认识论诠释与嵌入心智观也是兼容的。嵌入心智观要比延展心智观更弱一些，我们将在后面展开讨论。

8. 这一点如此显而易见，仍需一再强调，着实令人惊讶。

9. 有些人相信**某些心理过程必然（部分地）由对环境结构的操**

纵构成。这种对“必然主张”的“从物”（*de re*）的模态陈述要比“从言”（*de dicto*）的模态陈述［“必然可以说某些心理过程（部分地）由对环境结构的操纵与转化构成”］更加合理。

10. 关于延展心智与功能主义的关联，建议读者参考“爱丁堡功能主义者”的作品（Clark，2008a，b；Wheeler，2008）。

11. 亚当斯和埃扎瓦（2001，2010），以及鲁伯特（2004）都强调构成性关系和依存性关系的区别，他们对延展心智的批评也是以此为出发点的：认知过程只是依存于环境，而非由后者构成。我们将在下一章详细讨论他们的观点。

12. 这种解释就是说，如果一个操纵过程将某外部结构所含信息从“存在”转化为“可用”，它就是一个更大的认知过程的认知性的成分。我将在后续章节详细阐明其合理性。

13. 奥里根（O'Regan）和诺伊（Noë）（2001）引用了麦凯的例子。

14. 感谢托尼·切梅罗，他让对生成主义立场的怀疑在我心中生根发芽。

15. 奥里根和诺伊（2001）详细探讨过变化视盲现象，即被试在某些实验条件下无法注意到视觉场景中的一些其实非常明显的变化。他们的结论是，被试根本没有对视觉场景形成带有细节的复杂内部表征。

16. 详见海德格尔、德雷福斯和惠勒的作品（Heidegger，1927/1962；Dreyfus，1992；Wheeler，2005）。

17. 我可没说陈述性知识和程序性知识没有区别（这种观点见Stanley & Williamson，2001）。这种看法显然是错的，这两种知识当然不同，但诺伊没有将它们区分开来。特别是，根据他的解释，构成感知运动知识的期望就是命题性的。

18. 当然并非所有的能力都是。即便人在办公室，我也能凭空想象出画面，以此计算家里有几扇窗户。这种能力就不涉及身体性的结构和过程，它似乎完全依赖我的大脑。

19. 在许多人看来，这未必就不是生成主义的一个优势。我在这里不持立场，只希望客观地区分生成心智与延展心智。

20. 希维特（Siewert，2006）对此有过论述。

21. 他是以设问的形式表述的，但从上下文可知，他确实持这种见解。

22. 感谢安迪·克拉克让我关注到了这一点。

23. 同样的逻辑可用于解释晒伤（Davidson，1987）：晒伤与阳光有某种关联，但这并不是说晒伤就必须“延展”到阳光中去。行星的例子是由麦克唐纳提出的（Macdonald，1990）。

24. 克拉克也持类似的见解。

25. 事实上，我甚至怀疑嵌入心智的主张是不可证伪的。行星的例子表明，我们可以一方面认同经验的内部主义，另一方面又平静地接受下面的说法：经验之所以具有某种特性，取决于“典型的、延展的动力学”。这就让我很难接受嵌入心智的主张了。

第 4 章　对融合心智的反对

1. 若演绎地理解，这种主张当然是错误的。

2. 我想理查德 · 梅纳瑞（Richard Menary）是第一个明确意识到这一点的——比我要早得多（见 Menary，2006，2007）。早在这些论文发表前，他就在一些会议上提出了这个见解。

3. 当然，我们要考虑前述章节关于生成主义主张的讨论。如果我们的讨论是正确的，生成主义——至少是诺伊所持的生成主义主张——就没法引出对知觉加工的延展的解释。

4. 苏珊 · 赫尔利（Susan Hurley）（1998）也曾有力地支持过这种观点。

5. 这一点是由马丁 · 戈德温（Martin Godwyn）在其未出版的手稿《谁怕认知膨胀说?》中提出的。

6. 我要感谢理查德 · 萨缪尔斯（Richard Samuels），我们曾就这个例子有过讨论。

7. 感谢迈克 · 惠勒，据我所知，他是第一个明确提出这一点的人。在第二届延展心智大会上，他提交了《现象学、能动论和延展心智》(*Phenomenology, Activism, and the Extended Mind*) 的论文，同见《心智、事物与物质性》(*Minds, Things, and Materiality*)（2008）和《为延展功能主义辩护》(*In Defense of Extended Functionalism*)（2010）。

第 5 章　认知的判断标准

1. 我相信我在《寓体于心》一书中已尝试创建了一套认知判断标准（Rowlands, 1999），但与当前的判断标准相比有两点不同：首先，《寓体于心》的论证不涉及所属问题，在这个意义上，我在《寓体于心》中提出的判断标准是不完全的。其次，我在《寓体于心》中参照认知任务界定认知过程，而认知任务是明示的。这一步似乎有些多余。我要感谢亚隆·威尔逊（Aaron Wilson）指出了这一点。因此《寓体于心》中的认知判断标准似乎有些松散。

2. 事实上，关于一个过程能否让信息既对主体又对后续加工操作可用，我不持立场。有些人（如 McDowell, 1994b）对此也许持否定态度，因为他们认为没有什么内容既能传递给主体，又能传递给后续加工。我的主张只是：①亚个体过程只能让信息对其他亚个体过程可用，而无法让信息对这些亚个体过程的主体可用；②个体水平的过程则至少能让信息对主体可用。这两点足够我们展开后续的讨论了。感谢迈克·惠勒提醒我明确这一点。

3. 更准确地说，它应该有助于理解认知过程的一个重要子集，也就是认知科学研究所关注的那些过程。这种限制是必须的，因为我们提出的认知判断标准只是认知的充分条件，而非其必要条件。

4. 感谢迈克·惠勒提醒（说服）我明确这一点。

5. 当然，融合心智观也并不要求我们否认外部结构拥有非衍生性内容的可能性。外部信息承载结构是否拥有非衍生性信息视具体情况而定。比如，绳结承载的信息就是衍生性的，光学阵列承载的信息则不是。当然非衍生性信息是否等同于非衍生性内容取决于信息能否排他地解释内容。出于一些众所周知的理由，我对此表示怀疑。

6. 再次指出，另一种见解参阅 Rowlands，2006。

7. 这部分内容创作完成后，我发现威尔逊和克拉克的观点与我的完全相同（Wilson & Clark，2008），而且令我懊恼的是，他们的表述要比我生动得多。我权且将自己更乏味的论证保留在这里。

第 6 章　所属关系问题

1. 感谢迈克·惠勒鼓励我明确这一点。

2. 感谢弗雷德·亚当斯（Fred Adams）指出这一点。

3. 威尔逊似乎对延展心智语境下所属关系问题的重要性有一番见解（Wilson，2001）。但他显然混淆了以下两个问题：①一个怎样的实体才能拥有心理特征？②一个实体“拥有心理特征”究竟是什么意思？这也削弱了他的主张——事实上，威尔逊甚至没能回答第二个问题，而这个问题正是本章关注的重点。

4. 这个例子是由理查德·萨缪尔斯在一次交谈中给出的。

5. 亚当斯和埃扎瓦也曾探讨消化过程（Adams & Aizawa, 2001），但目的不同。他们想说明一个过程可以被外化，如苍蝇的消化过程就有部分发生在体外，认知亦然，它可以被外化，但在现实中并未如此。我不想以消化过程为例支持认知的外部主义观点，我只关注消化过程的所属关系问题，而不关心它的位置问题。

6. 我曾声称要尽可能地回避功能主义。但是，我将在探讨融合心智的主张时——也就是在接下来的两章——履行该承诺。当下，我们在讨论认知过程的所属关系，而要将亚个体认知过程的所属关系解释清楚，我们不太可能回避功能主义（之所以要强调“尽可能地”，就是出于类似这样的原因）。我们将在后面的章节中看到，当我们转而关注个体水平的认知过程时，情况就会大不一样。感谢迈克·惠勒敦促我明确提出这一点。

7. 见 Hurley, 1998（第 3 章）。注意，我们必须假设当事人与“替身”是彼此的心理副本，但不包括二者对自身，以及自身所处环境的见解。

8. 这种一般性的活动还可囊括有机体的感知觉察和动作反应。也就是说，我们不仅要解释认知过程，还要考虑固定参照系，而不是从一开始就默认感知觉察和动作反应的所属关系。

第 7 章　作为揭示性活动的意向性

1. 事实上，这是一种对意向性的常见的理解：意向性就是对意向对象的指向。如果意向性确实就是一种指向，并且这种指向和它指向的对象不同，那么如果我们想要理解意向性，却只盯着意向对象，就显然没什么意义了。当然，问题是我们也没法“盯着”什么东西。

2. 这使我决心与埃文斯（Evans）和麦克道尔（McDowell）一起反对弗雷格的主张，即空洞的专有名称有涵义但无指涉。埃文斯和麦克道尔坚持认为，空洞的专有名称应该是没有涵义的。我很高兴能站在他们一边。

3. 萨特其实并不是一个常识现实主义者，而是一个现象现实主义者。萨特认为事物的无限种呈现方式构成了它们的现实性与客观性，这些呈现方式包括事物“隐藏”的那些“方面”（如化学构成）。在萨特看来，呈现是一个先验概念，而不是意识的成分。归根结底，他相信事物独立于意识，对意识具有本体论优先性。以此为基础，萨特提出了所谓的“本体论证明”，以此实现了对理念论的“彻底颠覆”。

4. 我们不应在此卷入指涉的描述理论和因果理论间的争论——那可能需要一整本书的篇幅。近年来描述理论的复兴对我们不会产生影响。但即便我们预设了指涉的因果理论（或信息论解释），对经验呈现模式的因果性解释依然是非常独特的。这就是我在书中的预设。

5. 我在这里关注的是知觉（主要是视觉）意向性，也和错觉与幻觉有关。我试图证明知觉意向性应理解为某种揭示性活动。下一章将扩展这个模型，以适配宽泛意义上的认知。

第 8 章　融合心智

1. 对这里的观点我曾有过详细的论证（Rowlands，2001，2002，2003，2008）。我在本书中维护的是这样一种见解："拥有某种经验的感觉"是一种经验性呈现模式，是我们在拥有这种经验时觉知到的东西。对这一见解，我并非在所有场合都无条件支持。我在这里只想说明：拥有某种经验的感觉是经验对象**所由**以特定方式向主体呈现**之物**。也就是说，我将"拥有某种经验的感觉"与特定先验性呈现模式等同起来了。如果你不喜欢这种预设，也没有问题，我们可以只谈先验性呈现模式，不谈"拥有某种经验的感觉"。我之所以谈论后者，是因为大多数读者都对这个概念非常熟悉。

2. 我对此摇摆不定，但在本书写作完成时，我的态度偏向于否定。

3. 众所周知，这两种可能性分别（大致）对应于"感受质颠倒"和"感受质缺失"的可能性。

4. 这种主张与我们先前对生成主义和延展心智是否兼容的质疑相符。关键的问题是，生成主义进路是需要我们使用探索世界的能力，还是只需要我们具备这种能力？如果是前者，生成主义就与延展心智兼容；如果是后者，二者就不兼容。本节关注的当然是探索过程本身，是对探索世界的能力的使用。

5. 我们的认知判断标准属于判定认知过程的充分条件而非必要条件。因此，如果有些认知性的揭示与这里描述的情况不同，也没有关系。就我们的目的而言，重点是本书并未承诺类似转过墙角的活动属于认知活动。

6. 当然，并不是说转过墙角在任何情况下都**不能是**一个认知过程的一部分。我们说“至少不够典型”就是这个意思。我无法想象这些情况，但这里的重点是，正常情况下转过墙角的活动并不属于认知活动。

7. 当然，我们要记住，即便望远镜正在被我使用，其内部的过程也最多只能是亚个体水平的认知过程。主体对这些过程没有认识权限，因此它们不可能是个体水平的认知过程。可见“认知膨胀说”对我们不构成威胁：它至多是就亚个体水平的认知过程而言的。

参考文献

Adams, E, and K. Aizawa. 2001. The bounds of cognition. *Philosophical Psychology*14:43–64.

Adams, E, and K. Aizawa. 2010. Why the mind is still in the head. In *The Extended Mind*, ed R. Menary. Cambridge, Mass.: MIT Press.

Baumeister, R., E. Bratslavsky, M. Muraven, and D. Tice. 1998. Ego depletion: Is the active self a limited resource? *Journal of Personality and Social Psychology* 74:1252–1265.

Bechtel, W., and A. Abrahamsen. 1991. *Connectionism and the Mind: An Introduction to Parallel Processing in Networks*. Oxford: Blackwell.

Beer, R. 1995. Computational and dynamical languages for autonomous agents. In *Mind as Motion: Explorations in the Dynamics of Cognition*, ed. R. Port and T. van Gelder, 121–148. Cambridge, Mass.: MIT Press.

Bergson, H. [1908] 1991. *Matter and Memory*. Trans. N. M. Paul and W. S. Palmer. New York: Zone Books.

Blackmore, S., G. Brelstaff, K. Nelson, and T. Troscianko. 1995. Is the richness of our visual world an illusion? Transsaccadic memory for complex scenes. *Perception* 24:1075–1081.

Brewer, William. 1996. What is recollective memory? In *Remembering Our Past*, ed. D. C. Rubin, 19–66. Cambridge: Cambridge University Press.

Brooks, D. 2007. The outsourced brain. *New York Times*, October 26.

Brooks, R. 1991. Intelligence without representation. *Artificial Intelligence* 47:139–159.

Brooks, R. 1994. Coherent behaviour from many adaptive processes. In *From Animals to Animats* 3, ed. D. Cliff, P. Husbands, J.-A. Meyer, and S. W. Wilson. Cambridge, Mass.: MIT Press.

Burge, T. 1986. Individualism and psychology. *Philosophical Review* 45:3–45.

Campbell, J. 1994. *Past, Space, and Self*. Cambridge, Mass.: MIT Press.

Campbell, J. 1997. The structure of time in autobiographical memory. *European Journal of Philosophy* 5:105–118.

Campbell, K. 1970. *Body and Mind*. Notre Dame: Notre Dame University Press.

Chalmers, D. 1996. *The Conscious Mind: In Search of a Fundamental Theory*. Oxford: Oxford

University Press.

Clark, A. 1989. *Microcognition: Philosophy, Cognitive Science, and Parallel Distributed Processing.* Cambridge, Mass.: MIT Press.

Clark, A. 1997. *Being There: Putting Brain, Body and World Back Together Again.* Cambridge, Mass.: MIT Press.

Clark, A. 2008a. Pressing the flesh: A tension on the study of the embodied, embedded mind. *Philosophy and Phenomenological Research* 76:37 – 59.

Clark, A. 2008b. *Supersizing the Mind: Embodiment, A ction, and Cognitive Extension.* Oxford: Oxford University Press.

Clark, A. Forthcoming. Spreading the joy: Why the machinery of consciousness is (probably) still in the head. *Mind.*

Clark, A., and D. Chalmers. 1998. The extended mind *Analysis* 58: 7 – 19. Reprinted in Menary 2010.

Clark, A., and J. Toribio. 1994. Doing without representing? *Synthese* 101:401 – 431.

Craig, E. 1982. *The Mind of God and the Works of Man.* Cambridge: Cambridge University Press.

Damasio, A. 1994. Descartes'Error. New York: Grosset Putnam.

Damasio, A. 2004. *Looking for Spinoza: Joy, Sorrow, and the Feeling Brain.* New York: Mariner Books.

Davidson, D. 1970. Mental events. In *Experience and Theory*, ed. 1. Foster and J. Swanson. London: Duckworth.

Davidson, D. 1984. *Inquiries into Truth and Interpretation.* Oxford: Oxford University Press.

Davidson, D. 1987. Knowing one's own mind. *Proceedings of the American Philosophical Association* 60:441 – 458.

Dennett, D. 1987. *The Intentional Stance.* Cambridge, Mass.: MIT Press.

Dennett, D. 1991. Consciousness *Explained.* Boston: Little, Brown.

Donald, M. 1991. *Origins of the Modem Mind.* Cambridge, Mass.: Harvard University Press.

Dretske, F. 1981. *Knowledge and the Flow of Information*; Oxford: Blackwell.

Dretske, F. 1986. Misrepresentation. *In Belief*, ed. R. Bogdan. Oxford: Oxford University Press.

Dreyfus, H. 1992. *Being-in-the-World.* Cambridge, Mass.: MIT Press.

Drummond, J. 1990. *Husserlian Intentionality and Non-Foundational Realism.* Dordrecht: Kluwer.

Dummett, M 1973. *Frege's Philosophy of Language*. London: Duckworth.

Dummett, M. 1981. *The Interpretation of Frege's Philosophy*. London: Duckworth.

Fodor, J. 1986. *Psychosemantics*. Cambridge, Mass.: MIT Press.

Fodor, J. 1990. *A Theory of Content and Other Essays*. Cambridge, Mass.: MIT Press.

Fodor, J. 2009. Where is my mind? London Review of Books 31(3): 13 – 15.

Fodor, J., and Z. Pylyshyn. 1988. Connectionism and cognitive architecture: A critical analysis. *Cognition* 28: 3 – 71.

Føllesdal, D. 1969. Husserl's notion of noema. *Journal of Philosophy* 66: 680 – 687.

Frege, G. [1892] 1960. On sense and reference. In *Translations from the Philosophical Writings of Gott/ob Frege*. Ed. P. Geach and M. Black. Oxford: Blackwell.

Frege, G. [1918] 1994. The thought: A logical inquiry. In *Basic Top ics in the Philosophy of Language*, ed. R. Harnish. Englewood Cliffs, N. J.: Prentice Hall.

Gallistel, C. 1993. The *Organization of Learning*. Cambridge, Mass.: MIT Press.

Gibson, J. 1966. *The Senses Considered as Percep tual Systems*. Boston: Houghton-Mifflin.

Gibson, J. 1979. *The Ecological Approach to Vis ual Perception*. Boston: Houghton-Mifflin.

Godwyn, M. (unpublished ms). Who's afraid of cognitive bloat?

Gould, D. 1967. Pattern recognition and eye movement parameters. *Perception and Psychophysics* 2: 399 – 407.

Hapgood, Fred. 2008. When robots live among us. *Discover* (June).

Harnish, R. 2000. Grasping modes of presentation: Frege vs. Fodor and Schweizer. *Acta Analytica* 15: 19 – 46.

Haugeland, J. 1995. The mind embodied and embedded. In *Having Thought: Essaysin the Metaphysics of Mind*. Cambridge, Mass.: Harvard University Press.

Heidegger, M. [1927] 1962. Being and Time. Trans. J. Macquarie. Oxford: Blackwell. Hume, D. [1739] 1975. *A Treatise of Human Nature*. Ed. 1. Selby-Bigge. Oxford: Oxford University Press.

Hurley, S. 1998. *Consciousness in Action*. Cambridge, Mass.: Harvard University Press.

Hurley, S. 2010. Varieties of externalism. In *the Extended Mind*, ed. R. Menary. Cambridge, Mass.: MIT Press.

Husserl, E. [1900] 1973. *Logical Investigations*. Trans. J. Findlay. London: Routledge.

Husserl, E. [1913] 1982. *Ideas Pertaining to a Pure Phenomenology and Phenomenological*

Philosophy . Trans. F. Kersten. The Hague: Martinus Nijhoff.

Hutchins, E. 1995. *Cognition in the Wild* . Cambridge, Mass. : MIT Press.

Jackson, F. 1982. Epiphenomenal qualia. *Philosophical Quarterly* 32: 127 – 132.

Jackson, F. 1986. What Mary didn't know. *Journal of Philosophy* 83: 291 – 295.

Kaplan, D. 1980. *Demonstratives* . The John Locke Lectures. Oxford: Oxford University Press.

Keijzer, F. 1998. Doing without representations which specify what to do. *Philosophical Psychology* 9: 323 – 346.

Kirsh, D. , and P. Maglio. 1994. On distinguishing epistemic from pragmatic action. *Cognitive Science* 18: 513 – 549.

Kripke, S. 1980. *Naming and Necessity* . Cambridge, Mass. : Harvard University Press.

Lloyd, D. 1989. *Simple Minds* . Cambridge, Mass. : MIT Press.

Locke, J. [1690] 1975. *An Essay Concerning Human Understanding* . Ed. P. Nidditch. Oxford: Oxford University Press.

Loftus, G. 1972. Eye fixations and recognition memory for pictures. *Cognitive Psychology* 3: 525 – 551.

Luria, A. , and 1. Vygotsky. [1930] 1992. *Ape, Primitive Man, and Child: Studies on the History of Behavior* . Cambridge, Mass. : MIT Press.

Macdonald, C. 1990. Weak externalism and mind-body identity. Mind 99: 387 – 405 .

Mack, A. , and I. Rock. 1998. *Inattentional Blindness* . Cambridge, Mass. : MIT Press.

Mackay, D. 1967. Ways of looking at perception. In *Models for the Perception of Speech and Visual Form*, ed. W. Watthen-Dunn. Cambridge, Mass. : MIT Press.

Marr, D. 1982. Vision. San Francisco: W. H. Freeman.

Martin, M. 2002. The transparency of experience. *Mind and Language* 17: 376 – 425.

Maturana, H. , and F. Varela. 1980. *Autopoiesis and Cognition* . Dordrecht: Reidel.

McCulloch, W. , and W. Pitts. 1943. A logical calculus of ideas immanent in nervous activity. *Bulletin of Mathematical Biophysics* 5: 115 – 133.

McCulloch, W. , and W. Pitts. 1947. How we know universals: The perception of auditory and visual forms. *Bulletin of Mathematical Biophysics* 9: 127 – 147.

McDowell, J. 1986. Singular thought and the extent of inner space. In *Subject, Thought, and Context*, ed. P. Pettit and J. McDowell, 136 – 169. Oxford: Oxford University Press.

McDowell, J. 1994a. *Mind and World* . Cambridge, Mass. : Harvard University Press.

McDowell, J. 1994b. The content of perceptual experience. *Philosophical Quarterly* 44:190 – 205.

McDowell, J. 1992. Meaning and intentionality in Wittgenstein's later philosophy. *Midwest Studies in Philosophy* 17:30 – 42. Reprinted in his *Mind, Value, and Reality* (Cambridge, Mass.: Harvard University Press, 1998).

McGinn, C. 1982. The structure of content. In *Thought and Object*, ed. A. Woodfield, 207 – 258. Oxford: Oxford University Press.

McGinn, C. 1989a. Can we solve the mind-body problem? *Mind* 98:349 – 366.

McGinn, C. 1989b. *Mental Content*. Oxford: Blackwell.

McGinn, C. 1991. *The Problem of Consciousness*. Oxford: Blackwell.

McGinn, C. 2004. *Consciousness and Its Objects*. New York: Oxford University Press.

McIntyre, R. 1987. Husserl on sense. *Journal of Philosophy* 84:528 – 535.

Menary, R. 2006. Attacking the bounds of cognition. *Philosophical Psychology* 19:329 – 344.

Menary, R. 2007. *Cognitive Integration: Attacking the Bounds of Cognition. Basingstoke*: Palgrave-Macmillan.

Menary, R., ed. 2010. *The Extended Mind.* Cambridge, Mass.: MIT Press.

Merleau-Ponty, M. 1962. *The Phenomenology of Perception*. London: Routledge.

Millikan, R. 1984. *Language, Thought*, and Other Biological Categories. Cambridge, Mass.: MIT Press.

Millikan, R. 1993. *White Queen Psychology and Other Essays for Alice*. Cambridge, Mass.: MIT Press.

Milner, A., and M. Goodale. 1995. *The Visual Brain in Action*. Oxford: Oxford University Press.

Nagel, T. 1974. What is it like to be a bat? *Philosophical Review* 83:435 – 450. Reprinted in his Mortal Questions (New York: Cambridge University Press, 1979). All page references are to the latter.

Neisser, U. 1979. The control of information pickup in selective looking. In *Perception and Its Development*, ed. A. Pick. Hillfield, N. J.: Erlbaum.

Noë, A., ed. 2002. *Is the Visual World a Grand Illusion*? Special edition of *Journal of Consciousness Studies* 9.

Noë, A. 2004. *Action in Perception*. Cambridge, Mass.: MIT Press.

O'Regan, K. 1992. Solving the "real" mysteries of visual perception: The world as an outside memory. *Canadian Journal of Psychology* 46:461 – 488.

O'Regan, K., H. Deubel, J. Clark, and R. Rensink. 2000. Picture changes during blinks: Looking without seeing and seeing without looking. *Visual Cognition* 7:191 – 212.

O'Regan, K., and A. Noë. 2001. A sensorimotor account of vision and visual consciousness. *Behavioral and Brain Sciences* 23:939 – 973.

O'Regan, K., and A. Noë. 2002. What it is like to see: A sensorimotor theory of perceptual experience. *Synthese* 79:79 – 103.

O'Regan, K., R. Rensink, and J. Clark. 1996. "Mud splashes" render picture changes invisible. *Investigative Ophthalmology and Visual Science* 37:S213.

Polanyi, M. 1962. *Personal Knowledge*. London: Routledge.

Putnam, Hilary. 1960. Minds and machines. In *Dimensions of Mind*, ed. S. Hook, 148 – 180. New York: New York University Press.

Rensink, R. O'Regan, K., and Clark, J. 1997. To see or not to see: The need for attention to perceive changes in scenes. Psychological Science 8:368 – 373.

Rowlands, M. 1995. Against methodological solipsism: The ecological approach. *Philosophical Psychology* 8:5 – 24.

Rowlands, M. 1997. Teleological semantics. *Mind* 106:279 – 303.

Rowlands, M. 1999. *The Body in Mind: Understanding Cognitive Processes.* Cambridge: Cambridge University Press.

Rowlands, M. 2001. *The Nature of Consciousness*. Cambridge: Cambridge University Press.

Rowlands, M. 2002. Two dogmas of consciousness. in *Is the Visual World a GrandIl lusion*? Special edition of *Journal of Consciousness Studies* 9, ed. A. Noë, 158 – 180.

Rowlands, M. 2003. *Externalism: Putting Mind and World Back Together Again*. London: Acumen.

Rowlands, M. 2006. *Body Language: Representation in Action*. Cambridge, Mass.: MIT Press.

Rowlands, M. 2007. Understanding the "active" in "enactive." *Phenomenology and the Cognitive Sciences* 6:427 – 443.

Rowlands, M. 2008. From the inside: Consciousness and the first-person perspective. *International Journal of Philosophical Studies* 16:281 – 297.

Rowlands, M. 2009a. Extended cognition and the mark of the cognitive. *Philosophical Psychology* 22:1 – 20.

Rowlands, M. 2009b. Enactivism and the extended mind. Tapoi 28:53 – 62.

Rowlands, M. 2009c. The extended mind. *Zygon* 44:628 – 641.

Rumelhart, D., McClelland, J., and the PDP Research Group. 1986. *Parallel Distributed Processing*, 3 vols. Cambridge, Mass.: MIT Press.

Rupert, R. 2004. Challenges to the hypothesis of extended cognition. *Journal of Philosophy* 101:389 - 428.

Russell, B. 1921. *The Analysis of Mind*. London: Allen & Unwin.

Ryle, G. 1949. *The Concept of Mind*. Oxford: Blackwell.

Sartre, J.-P. [1943] 1957. *Being and Nothingness*. Trans. H. Barnes. London: Methuen.

Searle, J. 1958. Proper names. *Mind* 67:166 - 173.

Sedgwick, H. 1973. "The visible horizon: A potential source of information for the perception of size and distance. Ph. D. dissertation, Cornell University.

Selfridge, O. 1959. Pandemonium: A paradigm for learning. In *Proceedings of the Symposium on Mechanisation of Thought Processes*, ed. D. Blake and A. Uttley, 511 - 529. London: HMSO.

Shannon, C. 1948. A mathematical theory of communication. *Bell System Technical Journal* 27:379 - 423, 623 - 656.

Shapiro, 1. 2004. *The Mind Incarnate*. Cambridge, Mass.: MIT Press.

Siewert, C. 2006. Is the appearance of shape protean? *Psyche* 12(3).

Simons, D. 2000. Attentional capture and inattentional blindness. *Trends in Cognitive Sciences* 4:147 - 155.

Simons, D., and C. Chabris. 1999. Gorillas in our midst: Sustained inattentional blindness for dynamic events. *Perception* 28:1059 - 1074.

Simons, D., and D. Levin. 1997. Change blindness. *Trends in Cognitive Sciences*1:261 - 267.

Smart, J. 1959. Sensations and brain processes. *Philosophical Review* 68:141 - 156.

Smolensky, P. 1987. The constituent structure of connectionist mental states: A reply to Fodor and Pylyshyn. *Southern Journal of Philosophy* 26 (supplement):137 - 163.

Smolensky, P. 1988. On the proper treatment of connectionism. *Behavioral and Brain Sciences* 11:1 - 23.

Sokolowski, R. 1987. Husser! and Frege. *Journal of Philosophy* 84:521 - 528.

Stanley, J., and T. Williamson. 2001. Knowing how. *Journal of Philosophy* 98:411 - 444.

Sutton, J. 2010. Exograms and interdisciplinarity: History, the extended mind, and the civilizing process. In *The Extended Mind*, ed. R. Menary. Cambridge, Mass.: MIT Press.

Thelen, E., and 1. Smith. 1994. *A Dynamic Systems Approach to the Development of Cognition and Action*. Cambridge, Mass.: MIT Press.

Thompson, E. 2007. *Mind in Life.* Cambridge, Mass. : Harvard University Press.

Tulving, E. 1983. *Elements of Episodic Memory.* Oxford: Oxford University Press.

Tulving, E. 1993. What is episodic memory? *Current Directions in Psychological Science* 2:67 – 70.

Tulving, E. 1999. Episodic vs. semantic memory. In *The MIT Encyclopedia of the Cognitive Sciences*, ed F. Keil and R. Wilson, 278 – 280. Cambridge, Mass. : MIT Press.

van Gelder, T. 1995. What might cognition be, if not computation? *Journal of Philosophy* 92:345 – 381.

Webb, B. 1994. Robotic experiments i n cricket phonotaxis. In From *Animals to Animats* 3, eds. D. Cliff, P. Husbands, J. Meyer, and S. Wilson. Cambridge, Mass. : MIT Press.

Wheeler, M. 1994. From activation to activity. *Artificial Intelligence and the Simulation of Behaviour (AISB) Quarterly* 87:36 – 42.

Wheeler, M. 2005. *Reconstructing the Cognitive World: The Next Step.* Cambridge, Mass. : MIT Press.

Wheeler, M. 2008. Minds, things, and materiality. In *The Cognitive Life of 7hings*, ed. C. Renfrew and 1. Malafouris. Cambridge University Press.

Wheeler, M. 2010. In defense of extended functionalism. In *The Extended Mind*, ed. R. Menary. Cambridge, Mass. : MIT Press.

Whitehead, A. 1911 . *An Introduction to Mathematics.* New York: Holt.

Wilson, R. 2001. Two views of realization. *Philosophical Studies* 104:1 – 31.

Wilson, R. 2004. *Boundaries of the Mind: The Individual in the Fragile Sciences.* New York: Cambridge University Press.

Wilson, R. , and C. Clark. 2008. How to situate cognition: Letting nature take its course. In *The Cambridge Handbook of Situated Cognition*, ed. P. Robbins and M. Aydede, 55 – 77. New York: Cambridge University Press.

Wittgenstein, 1. 1953. *Philosophical Investigations.* Ed. E. Anscombe, R. Rhees, and G. von Wright. Trans. E. Anscombe. Oxford: Blackwell.

Yantis, S. 1996. Attentional capture in vision. In *Converging Operations in the Studyof Selective Visual Attention*, ed. A. Kramer, M. Coles, and G. Logan, 45 – 76. Washington, D. C. : American Psychological Association.

Yarbus, A. 1967. *Eye Movements and Vision.* New York: Plenum Press.

索　引